"十三五"国家重点研发计划项目(2016YFC0700100)
浙江省自然科学基金杭州区域创新发展联合基金资助项目(LHZY24A010004)
西部绿色建筑国家重点实验室开放基金(LSKF202307)

U0179579

Research on Performance Evaluation of Green Public
Buildings in Hot Summer and Cold Winter Areas

夏热冬冷地区绿色公共建筑
性能后评估研究

翁建涛　著

ZHEJIANG UNIVERSITY PRESS
浙江大学出版社
·杭州·

图书在版编目(CIP)数据

夏热冬冷地区绿色公共建筑性能后评估研究/翁建
涛著. —杭州:浙江大学出版社,2023.12
ISBN 978-7-308-24599-9

Ⅰ.①夏… Ⅱ.①翁… Ⅲ.①气候影响－公共建筑－
生态建筑－研究 Ⅳ.①TU242

中国国家版本馆 CIP 数据核字(2023)第 254384 号

夏热冬冷地区绿色公共建筑性能后评估研究

翁建涛 著

责任编辑	石国华
责任校对	董雯兰
封面设计	周 灵
出版发行	浙江大学出版社
	(杭州市天目山路 148 号 邮政编码 310007)
	(网址:http://www.zjupress.com)
排 版	杭州星云光电图文制作有限公司
印 刷	广东虎彩云印刷有限公司绍兴分公司
开 本	710mm×1000mm 1/16
印 张	12.5
字 数	210 千
版 印 次	2023 年 12 月第 1 版 2023 年 12 月第 1 次印刷
书 号	ISBN 978-7-308-24599-9
定 价	58.00 元

摘　要

近年来,我国绿色建筑数量快速增长,从量的积累到质的提升过程中,在投入运行后提高室内环境品质、减少能源消耗成为绿色建筑高质量发展的关键。室内的声、光、热和空气品质不同程度地影响使用者的满意度,同时与建筑能耗相关联。目前绿色建筑室内环境现状及其对使用者满意度的影响关系不明晰。受运行过程中环境参数时空变化、用能强度差异等因素影响,室内环境品质评价模型和运行性能后评估方法亟待深入研究。基于此,本书以绿色公共建筑实际运行数据为基础,开展了夏热冬冷气候条件下绿色公共建筑运行性能后评估研究,为绿色建筑的高质量发展提供科学的指导依据。

第一,针对现有绿色建筑运行性能数据库不完善、性能后评估缺少全面数据支撑的问题,建立了大规模、长周期、多类型、多维度的绿色公共建筑性能后评估数据库,并剖析了室内环境、使用满意度及运行能耗的现状。数据库以浙江地区 16 个绿色办公、学校及博览建筑为主要对象,积累了 100 余万条长周期、多类型的室内环境参数数据、3000 余份使用者对各个季节室内环境的回顾性满意度问卷、即时点对点满意度问卷和 60 余栋公共建筑的全年实际用能数据。基于该数据库,通过回归分析发现回顾型使用者满意率与环境参数达标率没有显著的相关关系,而且室内环境参数在时间以及不同空间上的变化很大;能耗方面,不同使用时长和人员密度的建筑运行能耗差异非常大,在建筑性能后评估中需要根据使用情况对能耗进行修正。

第二,针对夏热冬冷地区各环境参数和主观满意度关系不明晰的问题,采用即时点对点现场测试方法,采集了 1758 组室内环境参数和使用者满意度一一对应的数据,揭示了公共建筑在实际运行过程中,即时的声、光、热环境及空气品质相关参数与使用者满意度的关联关系。以多类型环境参数与分项满意度的关联模型和分项满意度与总体满意度的关联模型为基础,建立了覆盖参数齐全、考虑时空差异的公共建筑室内环境品质综合评价模型,并以主观满意度为基准验证了模型的准确性。该模型依据主客观关联模型确定各项环境参数的分级标准及权重,适用于短期/长周期、单一空间/多空间的室内环境品质量化评价。与现有的模型相比,其评价结果与使用者满意度的吻合度更好。

第三,针对绿色建筑使用时长和人员密度差异对运行能耗影响大,直接对比评价结果不准确的难点,采用模拟分析法优化了基于使用时长和人员密度的办公建筑运行能耗修正方法,并综合已有研究提出了办公、学校及博览建筑运行能耗的归一化方法。

第四,以建筑环境效率的综合评价系统(comprehensive assessment system for building environmental efficiency,CASBEE)的 Q/L 评价模型为基础,结合室内环境品质评价、分级方法以及建筑能耗归一化方法,提出了绿色公共建筑性能后评估方法。该方法基于大规模运行数据,可以准确地评价绿色公共建筑室内环境品质及运行能耗两方面性能。应用上述运行性能后评估方法,对典型绿色公共建筑开展了室内环境品质和建筑运行性能综合诊断,并基于物联网技术构建了一套嵌入建筑运行过程的性能实时监测、评价和展示系统。

本研究建立了多类型环境参数与满意度的关联关系,可以为夏热冬冷地区室内环境相关标准的制定提供参考;构建了室内环境品质综合评价模型和运行性能后评估方法,可以指导室内环境参数调控和建筑性能综合评价。本研究可为我国绿色建筑的大规模、高质量发展提供理论和技术支撑。

Abstract

In recent years, the number of green buildings in China has grown rapidly. In the transforming process from quantity accumulation to quality improvement, improving indoor environmental quality and reducing energy consumption during operation have become the key to the high-quality development of green buildings. Indoor acoustic, light, thermal environment and air quality affect occupant satisfaction in varying degrees, and are also related to building energy consumption. At present, the status quo of indoor environment of green buildings and its influence on occupant satisfaction are not clear. Due to the spatio-temporal variation of environmental parameters and the difference of use intensity during operation, the evaluation model of indoor environment quality and comprehensive evaluation method of the operating performance of green public buildings are in urgent need of further study. Based on the operating data of green public buildings, a study on the post-occupancy evaluation of the operating performance of green public buildings in the climate of hot summer and cold winter was carried out, to provide scientific guidance for the high-quality development of green buildings.

Firstly, aiming at the problem of lack of comprehensive data for the evaluation of operating performance, a large-scale, long-term, multi-type and multi-dimensional operating performance database of green public buildings was established, and the status quos of indoor environment, occupant satisfaction, and operating energy consumption in green public buildings were analyzed. Taking 16 office buildings, schools and expo buildings in Zhejiang Province as the primary objects, the database comprised more than 1 million long-term, multi-type indoor environmental parameter data, more than 3000 retrospective and point-to-point satisfaction questionnaires on indoor environment across each season and annual actual energy consumption data of more than 60 public buildings. Based on this database, the results of the regression analysis showed that there was no significant correlation between the retrospective occupant satisfaction rates and comliance rates of indoor environment. Moreover, indoor environment parameters varied greatly in time and space. The operating energy consumption data of buildings with different service time and personnel density varied greatly. Hence, the energy consumption needs to be modified according to the use intensity in the evaluation of operating performance.

Secondly, aiming at the unclear relationship between objective environment parameters and subjective satisfaction in hot summer and cold winter region, 1758 groups of data including indoor environmental parameters and occupant satisfaction votes were collected by the point-to-point method. The relationships between simultaneous acoustic, light, thermal and air quality parameters and corresponding occupant satisfaction in operating buildings were revealed. Based on the correlation models between multi-factor environmental parameters and single-item satisfactions and models between single-item satisfactions and overall satisfaction, a comprehensive evaluation model of indoor environmental quality for public buildings, with various parameters and considering temporal and spatial differences, was established. The reliability of the model was verified based on subjective satisfaction. The classification standard and weights of environmental parameters were determined based on the correlation models between indoor environmental parameters and occupant satisfactions. This model was suitable for quantitative evaluation of indoor environmental quality in short/long-term, single-space/multi-space situations. Compared with the existing models, the evaluation results were in better agreement with the subjective satisfaction.

Thirdly, to overcome the difficulty of inconsistent energy consumption comparison benchmarks caused by the difference in service time and personnel density, the energy simulation method was used to optimize the revised method of operating energy consumption for office buildings based on service time and personnel density. According to existing studies, the normalization method of operating energy consumption for office, school and expo buildings was proposed.

Fourthly, based on the Q/L evaluation model from the Comprehensive Assessment System for Building Environmental Efficiency (CASBEE), the comprehensive evaluation method of building operation performance was proposed, combined with indoor environment quality evaluation, grading method and normalization method of building energy consumption. Using large scale operating data, it can evaluate the performance of indoor environment quality and energy consumption of public buildings accurately. Based on the comprehensive evaluation method, a comprehensive diagnosis of indoor environmental quality and building operating performance in green public buildings was conducted. A monitoring, evaluation and demonstration system for dynamically evaluating operating performance of green public building was established based on Internet of Things technology.

In this study, the relationships between environment parameters and satisfaction were established, which can provide reference for the establishment of indoor environment standards in hot summer and cold winter region. A comprehensive evaluation model of indoor environmental quality and a comprehensive evaluation method of operating performance were established, which can guide the regulation of indoor environmental parameters and comprehensive evaluation of building performance. It is expected to provide theoretical and technical support for the large-scale and high-quality development of green buildings in China.

目 录

第1章 绪 论

1.1 研究背景和意义

自 20 世纪 70 年代石油危机以来,能源消费的增长和全球气候变化已成为世界各国关注的焦点。从 2002 年到 2019 年,我国一次能源消费量占全球能源消费比例由 13% 快速攀升至 24%(BP,2020),已超越美国成为世界上最大的能源消费国。2018 年我国建筑的全过程能耗消耗量为 21.47 亿吨标准煤,占到全国能源消耗比重的 46.5%,相应的碳排放占到全国能源碳排放的 51.3%(中国建筑节能协会,2021)。大量的化石能源消耗不仅带来了温室气体排放,还给环境带来巨大压力,也制约着我国经济的可持续发展。与此同时,人均有 80% 以上的时间是在室内度过的(Klepeis et al.,2001),建筑室内环境品质的优劣直接影响人们的健康和满意度水平。随着我国人民生活水平的提高,人们对建筑室内环境品质的关注度和要求也在不断提升(林波荣,2015;Dodge Data & Analytics,2018)。因而建筑用能和室内环境品质相协调的绿色可持续发展,是建筑业未来高质量发展的必然要求。

在可持续发展的背景下,绿色建筑应运而生。早在 1990 年,英国建筑研究院(Building Research Establishment)提出了世界上第一个绿色建筑评价标准 BREEAM(Building Research Establishment Environmental Assessment Method),而后美国、德国、法国以及日本等国家和地区相继提出了各自的绿色建筑评价标准(Zhang et al.,2017)。目前全世界范围内有超过 100 部绿色建筑评价标准。绿色建筑评价标准的建立极大地推动了绿色建筑在世界范围内的发展。

2006 年我国颁布了《绿色建筑评价标准》,为绿色建筑的推行指明了发展方向。自此我国绿色建筑项目的数量和面积快速增长。截至 2017 年底,我国已通过绿色建筑认证的项目超过 1 万个(赵鹏,2018),如图 1.1 所示,总建筑面积超过 10 亿平方米,约占全国既有建筑总面积的 2%。绿色建筑根据评价阶段的不同,分为设计和运行标识两大类。运行标识的认证要求提供一年以上的建筑运行数据,并需要通过专家现场审查,申请难度高于设计标识。绿色建筑在以往的发展过程中多重视设计阶段,对运行阶段实际性能的关注不足(Ge et al.,2018)。从数量和建筑面积上来看,获得运行标识的绿色建筑均不足绿色建筑总量的 10%(Ge et al.,2018)。

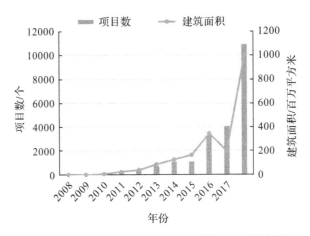

图 1.1 全国绿色建筑项目数量和建筑面积增长情况

　　绿色建筑的发展目标是在相对低耗能的基础上,有效地提高室内环境品质,为使用者营造一个健康、舒适和高效的室内环境(林波荣,2015)。现有绿色建筑评价标准以设计措施为主进行评价(Ye et al.,2015;周正楠,2017),项目采用的技术措施越多,得分越高、更易取得标识(Wu et al.,2016;Li et al.,2017),但缺少基于建筑运行数据的性能后评估,绿色建筑项目是否真正实现了运行过程的"绿色",难以准确判断。因此有必要基于绿色建筑实际运行性能数据开展后评估研究,为绿色建筑发展由浅绿向深绿的转变提供科学的指导依据。

　　绿色建筑运行性能主要包括使用者满意度、室内环境参数以及建筑能耗三个方面(裴祖峰,2015)。在建筑实际运行过程中三方面性能相互影响(见图 1.2)。良好的室内环境为使用者满意度提供了保障,同时使用者满意度又常被应用于室内环境参数的评价研究(Geng et al.,2019),两者分别从主观和客观的角度体现了室内环境品质性能(Geng et al.,2019)。研究表明,更好的室内环境带来更高的使用者满意度(Al-Horr et al.,2016)。为了维持良好的室内环境品质,运行阶段则需要在空调和照明等方面产生大量的能耗(Ge et al.,2015)。以往的运行性能后评估研究以能耗、水耗、单一环境参数等指标评价为主(住房和城乡建设部"绿色建筑效果后评估与调研分析"课题组,2014;Newsham et al.,2009),对室内多方面综合环境性能以及使用者满意度的关注不足(中国城市科学研究会,2019),建筑性能评价结果容易以偏概全(Scofield,2009;Sant'Anna et al.,2018;Newsham et al.,2013;Altomonte et al.,2017)。因而有必要建立一套定量化的综合评价方法,来准确全面地评估绿色建筑投入使用后是否真正实现了"绿色"。

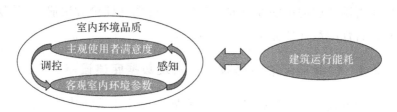

图 1.2 使用者满意度、室内环境参数以及运行能耗三方面性能的关系(Geng et al.,2019)

夏热冬冷地区是我国五大建筑热工气候区之一,主要包括长江中下游及周边地区。该气候区内大部分地区夏季闷热,冬季湿冷,通常使用空调、风扇等主动式设备来调节室内环境,多以部分时间、部分空间的模式运行(喻伟,2019)。春季和秋季则多以自然通风或混合通风的方式调节室内环境,提高室内热舒适度和空气品质。由于一年四季室内外环境变化大、环境调控难度大,相应的使用者主观感受与客观室内环境参数之间的关系尤为复杂。与此同时,全年采暖、制冷、通风及除湿需求并存(喻伟,2011),建筑运行能耗组成也较为多样。近年来,随着全国人口和经济中心南移,夏热冬冷地区总体建筑能耗增速和建筑能耗强度增速都明显高于我国其他地区(中国建筑节能协会,2021)。因此,夏热冬冷地区绿色建筑的高质量发展对于节能减排工作具有重要意义。

本研究将在评估绿色公共建筑运行性能的目标下,构建绿色公共建筑性能后评估基础数据库,基于此开展夏热冬冷气候条件下运行环境中声、光、热及空气品质环境参数与相应使用者满意度的关联性研究,并提出适用于各类公共建筑的室内环境品质评价模型,最后结合室内环境品质和运行能耗建立绿色公共建筑性能后评估方法。研究成果可以服务于绿色公共建筑设计和运营维护,以运行数据为导向的绿色建筑性能后评估研究能够支撑绿色建筑的性能诊断和提升工作,为绿色建筑的大规模高质量发展提供理论支持和技术指导。

1.2 国内外研究现状

本研究对绿色公共建筑运行性能后评估的相关文献进行了收集和整理。下文将从以下五个方面介绍国内外相关研究现状:①性能后评估数据收集方法及数据库建设研究;②室内环境品质评价模型研究;③室内环境参数与使用者满意度的关联性研究;④建筑运行能耗评价方法研究;⑤绿色公共建筑运行性能后评估方法研究。

1.2.1 性能后评估数据收集方法及数据库建设研究

绿色公共建筑运行数据的获取是开展运行性能后评估的基础。绿色公共建筑实际运行数据主要包括使用者满意度、室内环境参数以及运行能耗三个方面,相应的数据收集方法汇总如下。

1)使用者满意度数据收集方法

目前应用最广泛的使用者满意度收集方法主要有 CBE-OST (Center for Built Environment Occupant Survey Toolkit)以及 BUS (Building Use Studies)调研工具(Building Use Studies,2017)两种。CBE-OST 是美国加州大学伯克利分校建成环境研究中心于 2000 年开发的一套基于网络的低成本调研工具(Center for the Built Environment,2019),可以帮助业主评估建筑运行性能并检验建筑设计的成功与否。该调研工具主要包括建筑总体运行情况、空气品质、光环境、工作空间、维护管理、办公家具、声环境、热环境以及办公布局 9 个方面的使用者满意度问卷。满意度问卷采用 7 级里特克量表(Huizenga et al.,2003)。该工具已被应用于全球 1000 多栋绿色和非绿色建筑,已收到超过 10 万人次的用户反馈。

BUS 调研工具是由英国政府资助的建筑性能评价研究团队 PROBE (Post-occupancy Review of Building Engineering)于 20 世纪 90 年代提出的。BUS 调研工具包含了 45 个定量和定性的问题,包括热舒适、通风、照明、噪声、个人控制、空间、设计和外观等多个方面。针对商业建筑还附加了工作效率以及通勤方式。针对住宅建筑补充了生活方式和环境感受等相关问题(Building Use Studies,2017)。基于 BUS 大量的调研数据,可以根据案例建筑的满意度调研结果给出室内环境性能对比结果。

上述两种使用者满意度调研方法一般通过网络或者纸质问卷的方式分发给使用者,让使用者回顾过去一个季节或者几周的室内环境情况,并针对建筑室内环境、服务性能等多方面性能给出主观投票结果,因此又被称为回顾性满意度调研。由于其中的服务性能客观指标难以准确量化,本文中的使用者满意度仅指使用者对室内环境的满意度感受。已有较多研究(Arens et al.,2011;Fard,2006)应用以上两种工具采集使用者满意度,从使用者感受的角度评价建筑室内环境运行性能的好坏。

仅采用回顾性满意度调研方法,在分析过程中与满意度直接对应的物理环境参数往往不明确,因而难以准确分析使用者满意度优劣的具体原因。针对这一问题,Candido et al.(2012)建立了 BOSSA(Building Occupants Survey System Australia)数据采集系统,引入即时点对点现场测试(Right-here-right-now)方法。该方法要求使用者针对当下的室内环境,即时给出热环境、空气品质、光环境及声环境等方面的满意度感受。同时研究人员采用多种类型的室内环境监测设备采集调研期间使用者周围的空气温度、相对湿度、桌面照度等环境参数(见图1.3)。该调研方法可以帮助分析室内环境参数与使用者满意度之间的关系,有助于发现建筑运行情况下使用者满意度不佳的原因。但此类方法的调研难度较大,需要使用者有较好的配合度,目前相关研究多集中于热环境方面。

图1.3 BOSSA 即时点对点现场测试方法(Thomas,2020)

2)室内环境参数数据收集方法

与使用者直接相关的室内环境主要分为热环境、室内空气品质、光环境以及声环境四个方面,与之对应的环境参数主要包括空气温度、相对湿度、风速、CO_2 浓度、照度和声压级等。国内外已有较多的标准提出了室内环境参数的标准化测试方法,如美国商业建筑性能测试方案(Performance Measurement Protocols,PMP)(Performance Measurement Protocols Project Committee,2010)、美国环境保护局(Environment Protection Agency,EPA)的室内空气品质测试方案(United States Environmental Protection Agency,2003)、美国供暖、制冷和空调工程师协会(American Society of Heating,Refrigerating and Air-Conditioning Engineers,ASHRAE)制定的人类居住环境条件标准(以下简称"ASHRAE 55")、美国国家环境评估工具包(National Environment Assessment Toolkit,NEAT)(Choi et al.,2012)、欧盟标准 EN 15251(European Committee for Standardization,2007)以及我国的一系列相关国家标准都对室内环境采集的参数、时间以及空间等方面提出了具体的要求(见表1.1)。在实际研究中,研究者往往针对研究的需要,结合多种标准综合选择测试方法。

表 1.1 国内外相关标准中对室内环境参数采集的要求对比

测试方案		热环境	室内空气品质	光环境	声环境
PMP	测试参数	空气温度、黑球温度、风速、相对湿度	CO_2 浓度	照度、亮度	噪声级
	时间	即时和长期测试相结合	一周以上	即时	每次测试最短30秒
	空间	使用者端	使用者端	距离地面0.76m高度处;各代表性表面	使用者端
EPA	测试参数	空气温度	CO 浓度、CO_2 浓度	照度	噪声级
	时间	3天	3天	3天	3天
	空间	3个固定测点,12个移动测点	3个固定测点,12个移动测点	3个固定测点	3个固定测点
EN 15251	测试参数	空气温度等	CO_2 浓度	照度	噪声级
	时间	典型季3个月	运行时间,供冷季(必需)	运行时间	自然通风时期
	空间	工作空间	建筑中 5%～10%的房间	工作面	不详

测试方案		热环境	室内空气品质	光环境	声环境
ASHRAE 55—2010	测试参数	空气温度、辐射温度、风速、相对湿度	/	/	/
	时间	即时和长期测试相结合			
	空间	6个月或供冷、供热季			
NEAT	测试参数	温度、相对湿度、风速等	CO浓度、CO_2浓度、VOC浓度等	照度	噪声级
	时间	10分钟,间隔15秒	10分钟,间隔15秒	即时	不详
	空间	离地0.1m,0.6m,1.1m	离地1.1m	工作面,显示屏,键盘	不详
我国国家标准 JGJ/T 347 GB/T 18883 GB/T 5700 GB 50118	测试参数	空气温度、相对湿度、黑球温度等	CO_2浓度	照度	噪声级（A声级）
	时间	典型使用时段,间隔时间不大于30分钟	至少18小时	即时	稳态噪声:5～10秒,3次;非稳态噪声:10分钟;间歇性非稳态:20分钟
	空间	对角线均分布点;使用者高度处	50m²以下房间:1～3个测点;50～100m²房间:4～5个测点;100m²以上房间:至少5个以上测点;对角线或梅花式布点;离地0.5～1.5m	0.75m水平面;地面	30m²以下房间:1个测点;30～100m²房间:3个测点;100m²以上房间:代表性测点;离地1.2～1.6m

3)运行能耗收集方法

在运行能耗方面,以往研究多采用电费账单、电表读数的方式收集全年或者逐月的能耗数据。随着新技术的发展,新建建筑中逐渐开始采用能耗监测系统来实时监测建筑的能耗数据(季柳金等,2009),且可以获得更加准确细致的空调、照明插座、动力等各分项能耗数据。如我国北京、上海、深圳等地最早建立了公共建筑能耗监测平台(徐强等,2019),采集了本地区的公共建筑实际运行能耗数据,为建筑能耗评价提供了数据基础。

基于以上三方面运行性能数据收集方法,国内外研究人员搭建了种类繁多的公共建筑运行性能数据库,如日本可持续建筑数据库(JSBD)、日本商业建筑能耗数据库(DECC)、美国商业建筑能耗统计数据库(CBECS)、美国建筑能源之星数据库、欧洲建筑性能数据库(BPIE)、欧盟 EU-BD 数据库以及澳大利亚 BOSSA 数据库等(Shen et al.,2020),以上各种数据库所包含的具体内容汇总结果如表 1.2 所示。对比可知,现有的数据库大多仅采集使用者满意度、室内环境参数或能耗单一方面的性能数据,对不同类型绿色公共建筑长周期、多维度性能现状掌握不足。其中使用者满意度以回顾性的满意度调研为主,缺少主观满意度和客观环境参数准确对应的数据。长期监测的室内环境参数数据量小,监测时长较短,多为数日或一周,并且监测的对象大多局限于办公建筑。因此受建筑类型和监测时长的限制,目前掌握到的绿色公共建筑室内环境情况往往是片段式的(刘彦辰,2018),对其长周期、多类型的室内环境现状掌握不足。国内外均已积累了较大规模的运行能耗数据(The Chartered Institution of Building Services Engineers,2014),但国内已有的大规模建筑能耗数据的来源多为非绿色建筑,绿色建筑能耗数据规模较小,且能耗数据较为粗糙。

总结来看,我国绿色公共建筑性能后评估数据库建设仍不完善,难以为后续运行性能的后评估提供有效的数据支撑。数据库包含的建筑类型、数据规模、数据内容、数据质量等仍有待提升。具体来看,缺少室内环境参数与使用者满意度一一对应的数据,缺少长周期、多类型的室内环境参数数据,运行能耗数据有待补充和细化。

表 1.2 国内外公共建筑性能后评估数据库所包含的内容对比

	数据库名称/研究者	建筑类型	建筑基本信息	使用者满意度	室内环境参数	运行能耗	其他数据
国外	CBE 数据库	多种类型	✓	✓	/	/	/
	BUS 数据库	多种类型	✓	✓	/	/	/
	日本 JSBD 数据库	公共	✓	/	✓	✓	碳排放
	日本 DECC 数据库	非住宅	✓	/	✓	✓	/
	美国 BPE 数据库	公共、住宅、工业	✓	/	/	✓	/
	美国建筑能源之星数据库	多种类型	✓	/	/	✓	/
	美国 CBECS 数据库	商业建筑	✓	/	/	✓	/
	美国 LEED 认证数据库	多种类型	✓	/	/	✓	设计阶段评分
	欧洲 BPIE 数据库	公共、住宅	✓	/	/	✓	/
	欧盟 EU-BD 数据库	/	✓	/	/	✓	/
	澳大利亚 BOSSA 数据库	办公	✓	✓	✓	/	/
国内	北京市公共建筑能耗监测平台	公共	✓	/	/	✓	/
	上海市公共建筑能耗监测平台	公共	✓	/	/	✓	/
	深圳市公共建筑能耗监测平台	公共	✓	/	/	✓	/
	刘彦辰(2018)	绿色办公	✓	✓	✓	/	/
	刘倩君等(2019)	/	✓	/	/	✓	建筑设计信息

1.2.2 室内环境品质评价模型研究

室内环境品质(indoor environment quality, IEQ)是室内多种环境参数对使用者综合作用的结果。现有研究多把室内环境品质分为热环境、室内空气品质、光环境以及声环境四个方面(Tang et al.,2020a;Nagano and Horikoshi,2005;Mendell,2003)。建筑室内环境最终是为人服务的,因此室内环境品质评价的主体应该是人。丹麦技术大学 Fanger(2006)教授曾指出,品质(quality)反映了人们需求被满足的程度,因此使用者感到满意的环境就是高品质的环境,反之则为低品质的环境(朱赤晖,2014)。文献调研结果(Heinzerling et al.,2013)显示,研究者通常采用室内环境品质模型(IEQ model)、室内环境品质系数(IEQ index)或者建筑系数(Building index)等来综合描述某一空间或者建筑室内环境品质的量化结果。根据评价方法的不同,可以将室内环境品质评价分为客观评价模型、主观评价模型以及主客观综合评价模型(Heinzerling et al.,2013)三类。

1)客观评价模型

客观评价模型要求先对建筑的各项室内环境开展测试,将获得的数据与现行的室内环境参数分级标准进行对比,从而确定各分项室内环境参数的评价值,多采用各项环境参数在一段时间内的达标率(蔡靓,2013)或达标时间来表征。一般采用取平均的方法确定不同环境参数的权重,从而得到室内环境品质评价结果(Heinzerling et al.,2013;Chiang et al.,2001)。

客观评价模型高度依赖现行的室内环境参数分级标准。已有研究表明现行的室内环境参数分级标准要求与实际使用者满意度并不一致(刘彦辰,2018)。我国绿色办公建筑的室内环境参数基本满足标准要求,但是普遍存在使用者满意度较低的情况。因此简单依靠客观标准的评价方法,得到的室内环境品质评价结果无法准确体现使用者的实际感受。

2)主观评价模型

主观评价的主体可以分为专家和实际使用者两类。部分研究引入少量专家采用专家咨询及层次分析法等方法,主观设定客观物理参数的分级以及分项室内环境的权重,加权得到室内环境品质评价结果(Rohde et al.,2020;Chiang and Lai,2002;Larsen et al.,2020;Rohde et al.,2019)。但仅依靠少数专家的评价,没有考虑建筑中使用者的实际感受,评价结果的准确性并不明晰。

另有大量研究基于 CBE-OST 和 BUS 两类满意度调研工具,对各类绿色建筑或非绿色建筑开展大规模回顾性满意度调研,通过使用者满意度调研的结果来评估建筑室内环境性能(Fard,2006;Frontczak et al.,2011)。但仅依靠使用者满意度调研,主观量化结果存在局限性。一方面,评价结果受室内环境参数变化影响,其时效性较短。如 Khoshbakht et al.(2018)针对某绿色建筑在十年内开展了三次满意度调研,结果指出不同时间内使用者对热环境和光环境的满意度结果存在较大差异。因此如果要掌握运行阶段长期的室内环境品质性能,就需要开展高频率、大规模、长周期的使用者满意度调研,这在建筑实际运行过程中大规模应用的可行性较低。另一方面,为了确保使用者满意度评价结果的可靠性,往往需要保证较大的样本量。但在实际情况下,部分建筑客观上存在使用人数较少的情况,难以支撑大规模的满意度调研。

3)主客观综合评价模型

室内环境品质主客观综合评价过程可以分为两个步骤:第一步分项评价,需建立准确的使用者满意度与室内环境参数的关系,利用回归分析等方法建立两者的定量分析模型,进而基于主观满意度划定各室内环境参数的分级标准,用以评价分项室内环境参数。第二步综合评价,研究多采用多元回归分析等方法确定不同分项满意度对总体满意度的影响权重,并结合各分项环境的评价结果加权计算得到室内环境品质的综合评价结果(Heinzerling et al.,2013)。

主客观综合评价兼顾了使用者满意度和室内环境参数两个方面,是目前使用最广泛的室内环境品质评价方法之一。代表性的研究如下:Wong et al.(2008a)利用 Logistic 回归的方法建立了中国香港地区不同操作温度、CO_2 浓度、噪声级以及照度与相应使用者接受度之间的关系,并基于多元 Logistic 回归提出了综合 IEQ 的概念,最后根据综合 IEQ 的取值情况将其分为 5 个等级。Ncube and Riffat(2012)总结了已有研究提出的使用者不满意率预测模型,根据多元回归模型建立英国当地的室内环境品质评价值 IEQ_{index},并与 Chiang 等人(Chiang and Lai,2002)提出的基于层次分析法提出的室内环境品质评价模型进行了对比,发现两者的结果有较好的一致性。Catalina and Iordache(2012)通过大数据模拟和非线性回归的方法建立了学校和办公建筑室内环境参数预测模型,在 Wong et al.(2008a)提出的室内环境参数分级的基础上,提出了一个应用于设计阶段的室内环境品质评价模型,包括热环境、光环境、声环境以及空气品质四个方面。而后 Ghita and Catalina(2015)在 Catalina and Iordache(2012)研究的基础上,根据在意大利罗马地区的学校开展了主观问卷调研,优化了热、光、声以及空气品质的权重值。朱赤晖(2014)基于韦伯/费希纳定律,以二氧化碳、可吸入颗粒物、甲醛、声环境以及光环境评价指数为基础,设计了一套新的室内环境综合评价指标,建立了客观环境参数与主观舒适性评价结果的关系,统一了不同环境要素的度量标准,将室内环境分为优、良、一般、不良及差五个级别。Tahsildoost and Zomorodian(2018)采用多元回归模型,根据伊朗德黑兰地区问卷调研数据,提出了基于热、光、声以及空气品质四方面环境参数的使用者总体满意度预测模型,并将结果定义为 $IEQ_{overall}$,根据实测调研得到了室内环境参数与使用者满意度的关系,将四方面环境参数以及综合 IEQ 划分为 I — IV 四个等级。刘鸣等(2018)基于前人在不同地区实验工况的研究结果,总结统一了温度、湿度及风速的分级标准,并基于朱赤晖(2014)的舒适性分级和谢梃蕴(1992)的健康性分级,以模糊综合评价法为基础,完善了住宅建筑室内空气品质评价体系。Buratti et al. (2018)以温和气候下的学校建筑为例,综合热环境、声环境以及光环境三个方面,提出了一个新的室内环境综合评价指标,并基于使用者主观满意度进行了验证,结果表明两者存在较好的一致性($R^2 = 0.37 \sim 0.45$)。Piasecki et al. ,(2017;2018)综合欧洲地区已有的研究和标准,明晰了室内环境品质需要考虑的因素,并构建了热环境、空气品质、声环境及光环境满意率的预测模型,此外还考虑了物理环境参数测试的不确定性,分析得到综合评价模型的不确定性在 ±17% 以内。

4)主客观综合评价模型存在的不足

综合以上相关文献可知建立室内环境参数与使用者满意度之间的关联模型是开展主客观综合评价的前提,其中存在的问题将在下一节中详细描述。此外,主客观综合评价模型在评价方法、适用范围、评价内容以及模型验证上还存在不足。

评价方法方面,现有的主客观综合评价方法侧重于对设计阶段的室内环境开展性能评价。建筑运行过程中,室内环境参数在时间和空间上的变化更加复杂,长周期、多空间的室内环境品质难以准确量化。已有研究多采用客观评价中的达标率/达标时间指标或以平均值代入计算得到的主客观综合评价结果,来评价长周期、多空间的室内环境品质性能。

达标率/达标时间指统计选定时间和空间范围内的室内环境参数,计算其满足现行室内环境标准的百分比或者累计时间,用以表征一段时间和多个空间内室内环境品质量化结果。如裴祖峰(2015)基于现行热环境和空气品质标准,引入舒适时间比例这一指标,用以代表绿色办公建筑中热环境和空气品质环境性能的量化结果。需要指出的是,室内环境参数满足标准要求并不意味着使用者满意度高(住房和城乡建设部"绿色建筑效果后评估与调研分析"课题组,2014;刘彦辰,2018),因此其量化结果难以与使用者满意度准确匹配。

平均值代入法指计算特定时间和空间范围内室内环境参数的平均值,然后代入主客观综合评价方法中,以最终计算得到的结果来表征室内环境品质性能。设计阶段室内环境参数长期处于较为稳定的状态,如温度往往与设计值保持高度一致。因此该方法多被应用于设计阶段的室内环境品质量化评价(Catalina and Iordache,2012)。但运行阶段中,室内环境参数变化更加复杂,仅简单采用平均值代入是否可以准确描述室内环境品质性能仍不明确,有待进一步研究。

适用范围方面,现有的室内环境品质评价模型多针对特定地区某单一类型的建筑。分项环境对室内环境品质的权重是不同类型建筑室内环境品质综合评价的重要依据。但是受气候条件、使用者差异及建筑类型的影响,不同地区和建筑类型中分项环境参数对室内环境品质的影响权重存在差异(Humphreys,2005;Tahsildoost and Zomorodian,2018),且导致这种差异的原因仍不明确。为全面准确评价公共建筑中的室内环境品质,有必要继续补充不同国家、气候特点、建筑类型下分项环境对总体环境的影响研究,为明确分项环境权重提供支撑。

评价内容方面,已有的室内环境品质综合评价模型较少直接考虑相对湿度和 $PM_{2.5}$ 浓度的影响,缺少夏热冬冷气候条件下包含声、光、热及空气品质诸多因素全面的分级标准和权重结果。尤其我国夏热冬冷气候条件下建筑室内环境湿度长期处于较高水平,使用者对相对湿度的要求是否需要与全国统一性标准保持一致有待进一步研究。受我国室外大气污染的影响,人们对 $PM_{2.5}$ 浓度的关注度较高,已有的 $PM_{2.5}$ 浓度控制标准多针对室外环境而言,室内 $PM_{2.5}$ 浓度对满意度的影响和相关分级标准仍未明确。

目前少有研究者对其提出的室内环境品质评价模型进行准确性验证,

仅有的少量研究(Ncube and Riffat,2012;Buratti et al.,2018)中建筑类型单一、数据规模较小,模型的准确性仍存在争议,进而限制了室内环境品质评价模型的大范围推广应用。

1.2.3　室内环境参数与使用者满意度的关联性研究

厘清多种室内环境参数与相应使用者满意度之间的变化规律是开展室内环境品质主客观综合评价的前提。相关研究往往在开展使用者满意度调研的同时对室内环境进行监测,从而建立室内环境参数与使用者满意度的联系。具体的研究方法可以分为长期跟踪测试结合回顾性满意度调研、人工气候室以及即时点对点现场测试(right-here-right-now)三种,如表 1.3 所示。

表 1.3　已有的室内环境参数与使用者满意度的关联性研究汇总

研究者	样本量	实验环境	地区	建筑类型	分析方法	温度	相对湿度	CO_2	$PM_{2.5}$	照度	噪声级	其他
Wargocki et al. (1999)	30名被试	人工气候室	丹麦	办公	方差分析	/	/	/	/	/	/	TVOC
Wong et al. (2008a)	293	实际建筑	中国香港	办公	二元和多元logistics回归	√	/	√	/	√	√	
Lai et al. (2009)	125	实际建筑	中国香港	住宅	多元logistics回归	√	/	√	/	√	√	
曹彬等 (2010)	500	实际建筑	中国北京、上海	办公、教学楼、图书馆	线性和非线性回归	√	/	√	/	√	√	
Choi et al. (2012)	400	实际建筑	美国	办公	t检验,方差分析	√	/	/	/	√	/	
Huang et al. (2012)	120名被试	人工气候室	中国北京	办公	回归分析	√	/	/	/	√	√	
Geng et al. (2017)	21名被试	人工气候室	中国北京	办公	回归分析	√	/	/	/	/	/	
Wang et al. (2018)	12名被试	人工气候室	中国河南	学校	非线性回归	√	/	/	/	/	/	

续表

研究者	样本量	实验环境	地区	建筑类型	分析方法	温度	相对湿度	CO_2	$PM_{2.5}$	照度	噪声级	其他
Tahsildoost and Zomorodian (2018)	842	实际建筑	伊朗德黑兰	学校	线性和非线性回归	√	/	√	/	√	√	/
Park et al. (2018)	1601	实际建筑	美国	办公	t 检验、方差分析、回归分析	√	√					
研究者	样本量	实验环境	地区	建筑类型	分析方法	温度	相对湿度	CO_2	$PM_{2.5}$	照度	噪声级	其他
Pastore and Andersen (2019)	269	实际建筑	瑞士	绿色办公	四分位图对比	√	√	√	/	√	/	/
Yang and Moon (2019)	60 名被试	人工气候室	不详	学校	方差分析	√	/	/	/	√	√	/
桂雪晨 (2019)	710	实际建筑	中国浙江	绿色办公	线性和非线性回归	√	√	√	/	√	/	/
Tang et al. (2020a)	8 名被试	人工气候室	中国重庆	模拟办公	回归分析	√	√	√	/	√	/	/

1）长期跟踪测试结合回顾性满意度调研

在长期跟踪测试结合回顾性满意度调研过程中,室内环境参数监测时长一般为数日(United States Environmental Protection Agency,2003)或者1～2周(MacNaughton et al.,2016),少数研究覆盖多个季节(Pei et al.,2015;Tang et al.,2020b)。在此期间多采用邮件或者网络的方式进行使用者满意度调研,要求使用者通过回忆的方式对一段时间内的室内环境等作出主观评价。如 Luo et al.(2015)对深圳某绿色办公大楼的调研结果显示,仅有少数样本完全满足美国 ASHRAE 55 标准中对室内温、湿度的要求(见图 1.4),使用者长期处于高湿度的环境下却没有出现明显的不满意表现。在自然通风的环境下,使用者对温度环境的接受范围比夏季供冷的环境下更宽。Pastore and Andersen(2019)采用室内环境长期跟踪和即时点对点现场测试相结合的方法,对瑞士绿色建筑使用者满意度以及室内环境性能进行了调研分析。结果表明尽管建筑室内环境参数满足规范的要求,但各方面的使用者满意率均未超过 80%,尤其是热环境和空气品质满意率在多数建筑中未超过 50%。Lee et al. (2019)对新加坡 8 个绿色建筑和 6 个非绿色建筑开展了为期一周的室内环境测试和满意度调研,指出绿色建筑中 PM$_{2.5}$浓度、细菌数更低,温度和湿度的波动更小。相应的使用者对室内温度、湿度、光环境以及空气品质的满意度比非绿色建筑更高($P<0.05$)。

长期监测结合回顾性满意度调研的结果表明,国内外绿色建筑或非绿色建筑在运行过程中,室内环境参数达标率与使用者满意度普遍存在不匹配的现象,如环境参数达标率高,但满意度不一定高。该调研方法也存在明显的弊端,与回顾性满意度直接对应的室内环境参数难以明确,无法建立起两者之间准确的对应关系(裴祖峰,2015)。

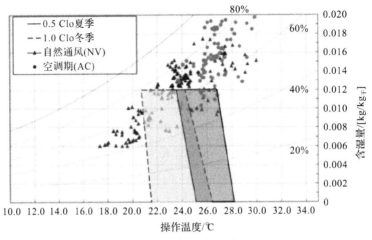

(a) 夏季和冬季稳态热舒适范围

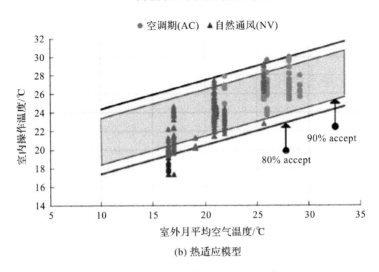

(b) 热适应模型

图 1.4　可接受的热环境范围(Luo et al.,2015)

2)人工气候室

部分研究选择人工气候室的方法,即在人工控制环境参数的实际建筑或实验室中,招募少量志愿者开展短期研究,精确讨论室内环境参数与使用者满意度之间的关系。如 Wargocki et al.(1999)在办公环境下通过控制室内污染源的有无,分析了使用者对室内空气品质的感知情况,结果表明无室内污染源的环境下使用者不满意率明显更低。Huang et al.(2012)在模拟的办公环境下,通过调节操作温度、照度以及噪声级,分析了使用者对各环境参数的可接受范围以及不同环境参数对总体满意度的影响。结果表明在办公建筑中温度和噪声级对满意度起决定性作用。Geng et al.(2017)在北京某大学办公建筑中开展了温度对其他环境满意度的影响研究,通过人工控制等方式设置了不同工况的温度环境,同时被调研人员模拟实际办公状态,结果表明室内温度在 24℃的时候,使用者热环境不满意率最低。温度在16~28℃范围内变化对室内环境品质、光环境以及声环境满意度的影响在10%左右。Wang et al.(2018)在人工控制的学校教室中,研究了温度对学生热环境感受和学习效率的影响。结果表明室内空气温度在 27℃的时候,学生的热感觉投票平均值最高。Yang and Moon(2019)通过调整温度、照度以及噪声级和噪声类型探究了多种环境参数对使用者总体满意度的交叉影响。结果表明特定的物理环境参数对其直接相关的满意度感受影响最大,虽然其他物理环境参数也会影响主观满意度,但相比而言其他环境参数的影响更小(见图 1.5)。

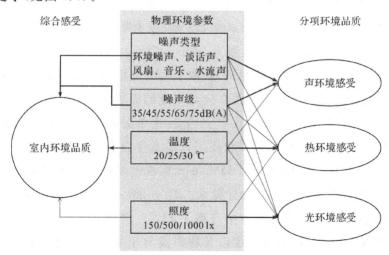

图 1.5　噪声级/类型、温度及照度对总体满意度的影响(Yang and Moon,2019)

(箭头粗细代表影响程度)

人工气候室的调研方式对室内环境参数的控制更加精确,但研究群体的覆盖面较小,结果容易受少数个体感受差异的影响。人工模拟环境与实际环境仍存在差异,如部分模拟环境没有设置窗户,人为控制的运行状态与实际建筑不一致等。以上问题都对使用者满意度结果产生了不同程度的影响,且该影响难以准确量化。此外,室内空气品质参数如 CO_2 浓度和 $PM_{2.5}$ 浓度受人员活动和室外环境的影响,其调控难度较大,难以开展准确的定量研究。

3)即时点对点现场测试

即时点对点现场测试能较好地克服以上两种方法的局限性。该方法要求使用者在实际建筑环境中对当下的各项室内环境进行主观评价,调研者同时采集使用者周围即时的室内环境参数。通过即时点对点现场测试可以准确地分析使用者对室内环境参数的要求。但由于该方法测试难度较大,研究周期较长,综合考虑室内声、光、热及空气品质等多方面环境的研究较为有限。

少量研究如 Wong 以及 Lai 等人在中国香港地区的办公建筑(Wong et al.,2008a)和住宅建筑(Lai et al.,2009)中开展了一系列即时点对点现场测试,建立了使用者接受度与室内环境参数之间的关系。曹彬等(2010)在北京和上海两地的公共建筑中获取了 540 份即时点对点数据,分别建立了热、声、光和空气品质的满意度预测模型。根据预测平均满意度分析得到建筑运行环境下操作温度的上限为 30℃,CO_2 浓度上限为 1200ppm,照度的满意范围为 100~2100lx,噪声级上限为 58dB。Choi et al.(2012)对美国联邦办公楼开展了为期 7 年的跟踪测试,获取了 400 组即时点对点的满意度和室内环境参数数据,研究指出纸面办公对照度的要求高于电脑办公。Park et al.(2018)采用 NEAT 测试方法对美国 64 个办公建筑的 1601 个工位开展了即时点对点的室内环境测试和使用者满意度问卷调研,研究基于使用者满意度分布情况,在 ASHRAE 55—2013 标准的基础上提出了高水平使用者满意度下的室内环境参数设计要求。Tahsildoost and Zomorodian(2018)在伊朗德黑兰地区的学校建筑中开展了 842 人次即时点对点现场测试,建立了 PMV、CO_2 浓度、桌面照度以及噪声级与相关满意度投票值之间的关系,并对 EN 15251 的分级标准进行了地区性的修正。桂雪晨(2019)对浙江地区的办公建筑开展了 740 人次即时点对点现场测试,分别建立了空气温度、相对湿度以及 CO_2 浓度与对应满意度之间的关系。结果表明夏季温度在 25℃，冬季在 22℃时，使用者满意度最高。为确保使用者感到满意，CO_2 浓度应该控制在 830ppm 以内。

室内环境参数与使用者满意度的关联关系是室内环境品质综合评价的基础，但现有研究中室内环境参数与使用者满意度的变化规律不完全一致。两者之间的关系受调研方法、使用者背景、气候条件、建筑运行模式以及建筑类型等因素的影响，特别是国际或者全国性的大范围平均结果往往与地区性的结果存在偏差（Nicol and Wilson，2011；孟瑶等，2020）。为准确量化综合性的室内环境品质，有必要分别建立不同气候条件下室内环境参数与使用者满意度的关联性。我国夏热冬冷气候条件下包含声、光、热及空气品质等多因素的综合性研究仍非常少，也少有研究直接考虑相对湿度和 $PM_{2.5}$ 浓度对相应满意度的影响。

为全面掌握室内环境参数与使用者满意度的关系，为各类型公共建筑的室内环境品质评价提供分级标准和权重依据，有必要采用即时点对点现场测试方法开展大规模的室内环境参数和使用者满意度调研。

1.2.4　公共建筑能耗后评估方法研究

公共建筑实际运行能耗后评估方法主要有数据库法和基准建筑法两种（肖娟，2013）。数据库法指采集当地同类建筑的运行能耗数据，考虑气象参数、使用强度等因素对实测能耗数据进行标准化处理，建立建筑能耗对比数据库。最后采用累计概率、平均值、正态分布检验或者四分位图等方法确定能耗定额，用以评价目标建筑能耗性能。

国外如美国能源部和美国环保署于 1992 年共同推出了"能源之星"计划。"能源之星"通过"建筑集群管家"在线评估模块对各类建筑开展能耗评估（张时聪等，2011），该模块基于近 30 年气象条件、使用时长、用能密度以及插座负荷等多个因素对运行能耗进行标准化处理，然后采用多元回归方法对单位面积能耗进行拟合分析，最后对建筑能耗的水平进行排序，按照百分制形成评价结果。英国于 2007 年推出了 EN 15217 标准用于评估建筑的整体能耗性能。该标准考虑了气象因素、建筑功能、能源类型、建筑规模、通风换气次数以及照明水平对建筑能耗的影响，并基于此进行了标准化处理，将最终获得能耗分为 A—G 七个等级，其中 A 为最高等级，G 为最差等级

(European Committee for Standardization,2007)。澳大利亚全国建设环境评价系统(NABERS)是一套用于建筑实际运行表现评价的系统,自1999年起被逐渐推广至澳大利亚全国。该评价系统以连续12个月的实际运行数据为评价对象,基于气候条件、运行时间、功能、能源类型、建筑规模以及入住率等因素对建筑运行能耗进行标准化处理,然后与系统预设的基准进行对比,最终将建筑评级分为6个等级(NABERS,2019)。

　　自2007年以来,我国北京、上海及深圳等一线城市率先建立起了本地区的大型公共建筑能耗数据库,为掌握公共建筑的用能状况和发现用能问题奠定了基础(那威等,2009)。上海以及北京市自2011年起针对机关办公、高等学校、医疗机构、大型公共文化设施以及体育场馆等建筑相继出台了一系列合理用能指南(上海市质量技术监督局,2015a),其中上海市的相关规定中,利用上海市公共建筑能耗数据采用四分位法确定了建筑能耗的先进值和合理值(张明慧,2018),基于此指导建筑用能管理。《民用建筑能耗标准GB/T51161—2016》(中华人民共和国住房和城乡建设部,2016)根据全国24051栋公共建筑的能耗数据,提出了办公、宾馆和商场三类建筑的约束值和引导值(魏庆芃,2017),并指出当公共建筑实际使用强度与标准使用强度偏离时,应按照年使用时长和人员密度对能耗指标的实测值进行修正,再与标准提出的约束值和引导值进行对比,从而得到建筑用能的评价结果。

　　国内相关研究中,唐文龙等(2009)对南京市近300所中小学开展了能耗统计工作,利用统计定额法建立了中小学建筑能耗定额,并根据生均建筑面积和班级人数分别提出了用电量修正系数。魏峥(2019)采用最小二乘法和多元回归分析方法,分析了147栋办公建筑能耗数据,并基于此建立了建筑能耗标准化模型。根据室外温度、运行时长等参数与建筑运行能耗的关系,对建筑总能耗进行拆分,提出使用正态分布检验法对各分项能耗进行量化评价。肖娟(2013)提出建立本地同类建筑能耗数据库,根据被评价建筑能耗在数据库中所处的概率分布情况进行打分评价(见图1.6)。Lin et al.(2016)调研了我国31个绿色办公建筑的实际运行能耗,采用数据库法与美国LEED绿色建筑进行了对比,指出我国的绿色办公建筑运行能耗明显低于美国同等级的绿色建筑(见图1.7)。陈曦等(2019)考虑建筑服务水平对建筑能耗的影响,基于多元回归模型初步提出了建筑能耗评价比对方法和工具。

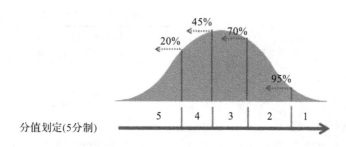

图1.6 数据库法评价建筑能耗分布(肖娟,2013)

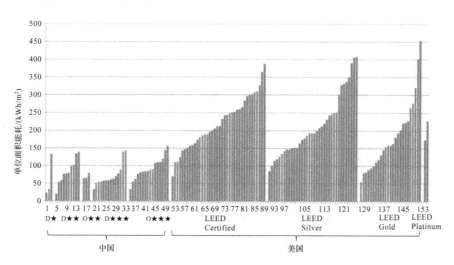

图1.7 我国绿色办公建筑能耗与美国LEED办公建筑能耗对比(Lin et al.,2016)

(D代表设计标识,O代表运行标识)

参考建筑法即在建筑能耗模拟软件中参考相关标准和规范要求,建立参考建筑的模拟模型,将模拟得到的能耗结果与设计值或实测值进行对比。该方法被广泛应用于建筑设计阶段的用能评价。如我国的《绿色建筑评价标准GB/T50378—2019》以及LEED(Jeong et al.,2016)在设计阶段均采用参考建筑法来评价建筑的节能水平。早期由于公共建筑能耗数据量较少,准确性差,裴祖峰(2015)选择参考建筑法作为能耗评价方法,以张崎(2014)提出的参考模式作为对比基准,通过模拟值与实测值对标确定能耗评级,如图1.8所示。但由于模拟参数的设置与使用阶段的实际情况往往存在差异,多数情况下该方法得到的模拟值与实际运行能耗偏离较大(Turner,2006),如图1.9所示。

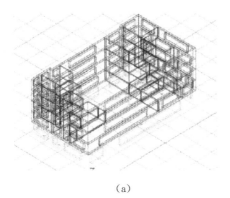

能耗节省率评价得分情况统计

实际运行与参考建筑 相比能耗节省率 a	得分
$a<0$	0
$0 \leqslant a<10\%$	1
$10\% \leqslant a<20\%$	2
$20\% \leqslant a<30\%$	3
$30\% \leqslant a<40\%$	4
$40\% \leqslant a$	5

（a）   （b）

图 1.8　参考建筑法及评分标准（裴祖峰，2015）

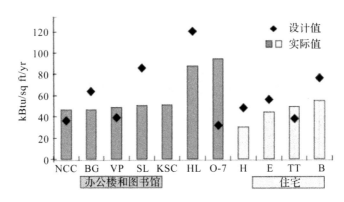

图 1.9　11 个 LEED 项目设计能耗与实际运行能耗对比（Turner，2006）

　　两种方法对比来看，数据库法对能耗基础数据的样本数量和准确性要求较高。参考建筑法需要对每一栋建筑的运行参数进行严格的校准，对专业知识的要求较高，难以在运行阶段大规模推广。目前对公共建筑的运行能耗研究中对象多为非绿色建筑（李永存等，2009；Kong et al.，2012），仅有少量研究对上海（张颖等，2019；2014）、北京（商继红等，2018）以及深圳（张炜，2013）等地的绿色建筑个案开展了能耗分析。绿色公共建筑能耗数据不足（王利珍等，2018）、难以筛选出足够的同类绿色建筑样本进行对比分析。现有的研究多采用实测值直接对比（裴祖峰，2015；Ghita and Catalina，2015；Jeong et al.，2016；Lee and Burnett，2008）。研究多未考虑同类建筑间使用强度的差异（周尚前，2018），导致运行能耗不具有可比性，容易对建筑软硬件性能产生误判。因此在采用数据库法对比分析前，有必要基于各类影响因素对建筑能耗实测值进行标准化处理。

1.2.5 公共建筑性能后评估方法研究

目前建筑性能后评估方法研究中,对象多为非绿色建筑(胡轩昂,2014)。早期相关研究多聚焦于能耗性能,但在建筑实际运行过程中,不同建筑间室内环境品质往往也不一致,因此仅采用能耗单一指标来量化建筑运行性能并不合理(Jain et al.,2019;Preiser and Schramm,1997)。开展公共建筑性能后评估方法研究的目的在于量化评价建筑综合运行性能,避免出现节能以牺牲室内环境品质为代价的情况。

已有少量研究结合室内环境品质和运行能耗两方面或多方面性能开展综合性能评价。为了综合评价建筑能耗和环境性能,欧盟 CEN 机构提出了 EN 15251(European Committee for Standardization,2007)标准,该标准明确了欧洲地区建筑室内热环境、空气品质、光环境以及声环境的设计要求,该标准与 EN 15217(European Committee for Standardization,2007)中提出的建筑用能评级方法相结合可以给出建筑室内环境性能和能耗评级结果。由于用能方式和气候的差异,该标准中提出的各分项环境性能和用能评价方法仅适用于欧洲地区,且该标准选择独立评价各分项环境性能,无法给出建筑运行性能的综合评价结果。

Wong et al.(2008b)以中国香港地区办公建筑为对象,分别建立了室内环境品质和能耗预测模型,采用蒙特卡洛模拟法分析了能耗和室内环境品质之间的关系,结果表明室内环境品质和年单位面积空调能耗呈现非线性的关系,并引入了能耗与室内环境品质比值 α 来评估运行能效(Wong and Mui,2009)。但该评价方法对室内环境品质缺少约束,依靠新引用的指标判断运行能效的优劣,容易出现导向错误,如建筑在应用中以降低室内环境品质为代价,从而实现少用能的目的,可能会被该评价方法归为高效的运行性能。

Tahsildoost and Zomorodian(2018)根据单位面积能耗与室内环境品质的比值结果,提出了改造潜力指标(retrofit potential index,RPI),作为建筑物翻新的决策工具,根据能耗和舒适度改善潜力提供优先改造策略。但该研究未明确提出其决策工具的分类依据,结果的适用性仍不清晰。

王沨枫(2020)基于可拓理论提出了既有公共建筑综合性能分级方法,考虑了安全、环境以及能效三个方面。利用层次分析法和熵值法确定环境、安全性能评价的权重,并提出当指标等级不一时选择调和平均法计算关联函数值。

方舟(2020)针对办公和商业综合体建筑,选择能源利用、水资源利用、室内外环境质量、材料与废弃物排放和物业服务5个方面,建立了上海地区公共建筑运行期绿色性能评价方法。

日本绿色建筑评价体系CASBEE(comprehensive assessment system for building environmental efficiency)综合考虑了建筑物环境质量与性能 Q (quality)以及外部环境负荷 L(load)(伊香贺俊治等,2010)。提出"建筑环境性能效率"(building environment efficiency,BEE)的概念,用以评价建筑的运行性能,因此又称建筑物环境效率综合评价体系,其计算公式为:

$$BEE = Q/L \tag{1.1}$$

根据建筑环境性能效率评价结果将绿色建筑的性能从高到低分为S、A、B^+、B^- 以及C共五个等级,如图1.10所示。该等级划分中,S级评级对 Q 值提出了最低50的要求,即要求建筑在获得最高效性能时,不应以降低室内环境品质为代价。

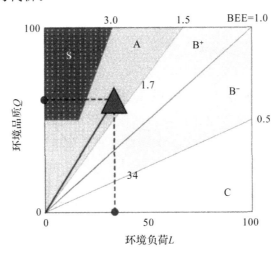

图1.10　BEE结果展示及建筑物等级划分(伊香贺俊治等,2010)

基于CASBEE的 Q/L 二维评价模型,肖娟(2013)采用满意度调研以及数据库法量化了 Q 和 L 的取值,提出了绿色办公建筑运行性能评价方法,并根据CASBEE的分类方法将被评价的建筑分为5档。而后清华大学相关研究团队在肖娟的基础上开展了一系列深入研究。裴祖峰(2015)针对数据库法可行性较低的问题,提出采用参考建筑法来量化运行能耗。针对综合评价结果物理意义不明确的问题,提出单位分项环境舒适时间能耗的指标,综合考虑单项环境品质与其相关的分项能耗。刘彦辰(2018)针对使用者满意度与环境参数达标情况不一致的问题,优化了主客观权重值,从热、光、声三个方面提出了分级、动态的绿色建筑能源环境效率评价方法。周正楠(2017)采用室内环境参数的平均值和对应的单位面积能耗值进行对标评级,并采用采暖、空调、照明、其他四个方面分级划分加权的方式计算总体的环境能源效率水平(见图1.11)。Geng et al.(2020)综合考虑室内环境参数达标率及使用者满意度,来量化室内环境品质性能,并结合运行能耗提出了新的环境能源效率(environmental energy efficiency,EEE)指标,用以综合评价建筑运行中室内环境品质及运行能耗性能。

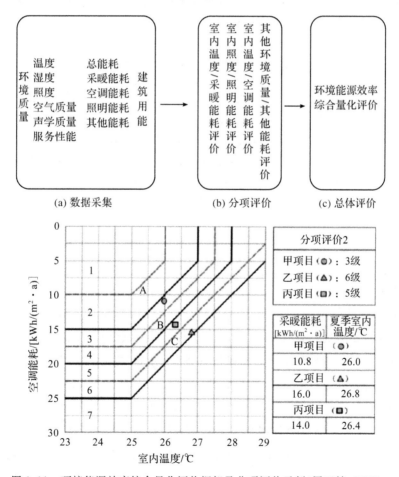

图1.11 环境能源效率综合量化评价框架及分项评价示例(周正楠,2017)

综上所述,现阶段建筑性能后评估方法研究中,在评价内容和评价方法上仍不完善。少有针对运行阶段大规模、多维度实测数据的评价研究。现有方法难以准确和实时地量化室内环境品质及能耗综合性能(见表1.4)。

表 1.4   结合室内环境品质及能耗的建筑性能后评估方法汇总

研究人员	建筑类型	室内环境品质	运行能耗	综合评价方法
Wong and Mui(2009)	办公	Θ(IEQ)	E_c	$E_c/(100\Theta)$
Catalina and Iordache (2012)	学校	IEQ	EUI	直接对比
肖娟(2013)	办公	达标率+服务性能	EUI	Q/L 二维评价模型
裴祖峰(2015)	办公	达标率+服务性能	ΔEUI	Q/L 二维评价模型
Residovic(2017)	办公	达标率+服务性能	EUI	回归分析
周正楠(2017)	办公	室内环境参数	分项能耗	Q/L 二维评价模型
Tahsildoost and Zomorodian(2018)	学校	IEQ	EUI	直接对比
刘彦辰(2018)	办公	达标率+满意度	EUI	Q/L 二维评价模型
刘晓晖(2018)	办公	室内环境参数	分项能耗	Q/L 二维评价模型
Geng et al. (2020)	办公	达标率+满意度	EUI	Q/L 二维评价模型

注:Q 代表室内环境品质,L 代表能耗,IEQ 代表室内环境品质综合评价结果,EUI 代表单位面积能耗。

在室内环境品质的量化评价方面,已有研究中室内环境品质评价方法不统一,主要体现在使用者满意度与现行环境参数标准要求不一致问题的处理上。一部分研究选择主客观独立评价,考虑主观满意度和客观物理环境参数达标率两方面内容,加权计算得到室内环境品质量化结果(裴祖峰,2015;Geng et al.,2020,刘彦辰,2018);另一部分研究则选择主客观结合的方法重新建立环境参数分级标准,进而评估室内环境品质综合性能(Ncube and Riffat,2012;Tahsildoost and Zomorodian,2018)。还有少量研究则直接采用客观物理参数的平均值来表征室内环境品质。对比(周正楠,2017;刘晓晖,2018)来看现有研究在室内环境品质的量化方法上存在较大分歧,导致室内环境品质评价结果存在较大的不确定性,室内环境品质的评价方法有待进一步完善。

运行能耗的量化评价方面,由于运行能耗数据量较少,研究以单位面积能耗实测值直接对比为主(肖娟,2013;Bakar et al.,2015),少数研究采用参考建筑法量化评价(裴祖峰,2015)。前者相关研究大多忽视了使用强度的影响,导致评价结果不准确。后者由于软件认证、校核过程烦琐等问题,在绿色建筑大规模推广过程中应用的难度较大。

运行性能后评估方法方面,现有研究多以 Q/L 二维评价模型为基础,建立建筑室内环境品质与能耗的权衡评价模型,但室内环境品质的分级、权重及能耗的分级评价缺少统一的标准。

此外,现有建筑运行管理系统中建筑能耗及室内环境参数两者集成度较低,多仅能给出单一的能耗数据或原始的环境参数(胡振中和袁爽,2020)。室内环境性能和综合性能评价过程高度依赖运维人员的人工判断,评价结果的准确度、时效性及智能化程度不高。如何在建筑运行状态下实时识别出性能不佳的工况,将综合评价方法嵌入到建筑运行过程中,以提高运维管理的水平,有待进一步探索。

1.3 当前研究中存在的问题总结

综合以上文献综述的内容,总结目前绿色公共建筑性能后评估方法研究中存在的问题如下:

(1)国内绿色公共建筑性能后评估数据库建设仍不完善,现有的性能后评估数据库侧重于对能耗数据的收集,所覆盖的建筑类型、数据内容及质量有待扩展或提升。具体来看,对我国绿色公共建筑全方面运行性能的掌握不足,目前仍缺少多类型、长周期的室内环境参数数据;满意度以长周期的回顾性数据为主,缺少满意度和室内环境参数对应的点对点数据;国内绿色建筑运行能耗数据规模较小,以上诸多限制导致性能后评估的定量化研究难以有效开展。

(2)室内环境品质综合评价模型不完善,具体表现为评价方法、评价内容不统一,适用范围有限,以及评价结果与主观满意度偏离较大等。其中室内环境参数与使用者满意度之间的关联性研究是室内环境品质主客观综合评价的基础,受调研方法的限制以及气候、建筑类型和使用人群的影响,不同研究未形成一致性的结果。夏热冬冷地区公共建筑中,包括声、光、热及空气品质多类型室内环境与满意度的综合性研究较少;评价内容未统一且较少直接考虑相对湿度和PM$_{2.5}$浓度;现有室内环境品质综合评价模型的准确性多不明确,特别在建筑实际运行过程中,室内环境参数随时间和空间波动大,室内环境品质量化方法和准确性问题有待进一步研究。

(3)建筑运行数据规模大,且受多种因素共同影响,目前缺少可以准确和实时量化室内环境品质及能耗综合性能的评价方法。已有的少量性能后评估研究在室内环境品质以及运行能耗评价中存在分歧,室内环境品质的分级、权重及能耗的分级评价缺少统一的标准。室内环境品质评价研究中对使用者满意度与现行环境参数标准要求不一致问题的处理上存在差异。运行能耗评价中,我国绿色公共建筑能耗数据规模较小,难以筛选出足够的同类绿色建筑样本进行对比分析。相关研究多未考虑同类建筑间使用强度的差异,导致运行能耗不具有可比性,直接对比容易对建筑能耗性能产生误判,有必要建立基于使用强度的能耗修正方法,统一能耗的对比基准。如何将性能后评估方法嵌入建筑运行过程中,提高评价的准确度、时效性和智能化程度,将结果可视化以服务运维管理,有待进一步探索。

1.4 研究目标与意义

1.4.1 研究目标

针对现阶段绿色公共建筑性能后评估缺少全面的数据支撑,绿色公共建筑室内环境现状及其对使用者满意度的影响不明晰,受运行过程中环境参数时空变化、用能强度差异等因素影响室内环境品质评价模型和性能后评估方法不完善等问题,首先,在评估绿色公共建筑综合运行性能的目标下,以浙江地区的绿色公共建筑为主要对象,构建大规模的绿色公共建筑性能后评估基础数据库;然后,基于此开展实际运行环境下使用者满意度与室内环境参数的关联性研究,建立一套涵盖热、光、声及空气品质,且适用于多类型公共建筑的室内环境品质综合评价模型;最后,考虑室内环境品质和运行能耗建立一套绿色公共建筑性能后评估方法。

1.4.2 研究意义

在绿色发展战略的推动下,近年来我国绿色建筑在数量上实现了快速增长。发展绿色建筑的目的是在相对低耗能的基础上,有效地提高室内环境品质,为使用者营造一个健康、舒适和高效的室内环境,因而对绿色建筑各方面性能的评价对绿色建筑高质量发展具有重要意义。目前对绿色建筑性能的评价以设计阶段的措施打分评价为主,而绿色建筑的运行性能与设计预期存在差异,已有的评价方法难以对建筑实际运行过程中使用者满意度、室内环境及能耗等多方面数据进行综合量化评价,导致运行过程中建筑性能不佳、工况难以被准确识别,造成了普遍性建筑能源浪费。

本研究基于绿色公共建筑实际运行性能数据,以评估绿色公共建筑综合运行性能为目标开展研究。研究成果可以服务于我国绿色公共建筑的设计和运行维护。绿色公共建筑性能后评估基础数据库的建立可以为绿色公共建筑性能的后评估提供数据支撑,并有助于准确掌握绿色公共建筑多维度运行性能现状。以实际运行性能数据为导向的绿色建筑性能后评估将更加有效地推进绿色建筑的性能诊断和提升工作,为建筑业主和相关政府部门提供绿色公共建筑性能评价工具,为绿色建筑大规模、高质量发展提供理论支持和技术指导。

1.5 研究内容、研究方法与研究框架

1.5.1 研究内容

1)绿色公共建筑性能后评估数据库及现状分析

基于已有的各类研究和相关标准,提出综合性的运行性能数据收集方法。在浙江地区选取典型的绿色公共建筑,采用现场测试和问卷调研的方法,采集建筑系统信息、使用者满意度、室内环境参数以及运行能耗等多维度的运行性能数据,建立大规模、长周期、多类型、多维度的绿色公共建筑运行性能后评估数据库,为绿色公共建筑性能后评估提供数据支撑。基于该数据库分析绿色公共建筑三方面运行性能特点及存在的问题。

2)实际运行环境下室内环境参数与使用者满意度的关联性

采用即时点对点现场测试方法,大规模获取夏热冬冷气候条件下公共

建筑实际运行环境下主观满意度与客观物理参数一一对应的数据,通过回归分析方法从热、光、声以及室内空气品质四个方面,建立室内环境参数与使用者满意度的关联模型,总结室内环境参数与使用者满意度的关联关系。采用多元回归分析方法,建立分项满意度和总体满意度的关联模型。从而为室内环境品质评价中各分项室内环境参数分级标准和权重提供依据。

3)主客观结合的室内环境品质评价模型

从评价方法、适用范围、评价内容和模型验证多个方面完善室内环境品质评价模型。基于时空分级加权方法,建立一套包括热、光、声及空气品质多方面的室内环境品质评价模型。以使用者满意度为基准,提出声、光、热及空气品质环境参数的分级标准。细化在办公、学校及博览建筑中,空气温度、相对湿度、CO_2 浓度、$PM_{2.5}$ 浓度、照度以及噪声级对室内环境品质的权重。基于使用者总体满意度,验证新模型在短期/长周期、单一空间/多空间室内环境品质评价中的准确性。

4)建筑能耗修正方法和性能后评估方法的建立

以典型办公建筑为例,采用能耗模拟的方法研究不同使用时长和人员密度对建筑能耗的影响,从使用时长和人员密度两个方面提出办公建筑能耗修正方法,并结合已有研究完善公共建筑能耗修正方法。考虑室内环境品质和运行能耗,基于 Q/L 二维评价模型提出一套绿色公共建筑性能后评估方法。基于性能后评估方法,对绿色公共建筑案例开展分项环境性能评价和综合评价。基于物联网技术提出一套绿色公共建筑运行性能实时监测、评价及展示系统。

1.5.2　研究方法

1)文献研究法

借助知网、ScienceDirect 以及 Web of Science 等国内外文献数据库搜索大量有关绿色建筑、建筑运行性能评价、使用后评估及室内环境品质评价等相关文献资料,通过系统性的阅读和分析,掌握目前绿色公共建筑运行性能数据库、使用者满意度、室内环境品质评价模型以及建筑能耗评价等多方面的研究现状,总结目前研究存在的问题。

2)现场测试和问卷调研法

采用现场测试和问卷调研的方法,获取绿色公共建筑使用者满意度以及室内环境基础数据。通过现场调研获取了案例建筑的运行能耗,并在案例建筑开展室内环境长期监测和即时点对点现场测试。

3)统计分析法

基于即时点对点数据,讨论使用者满意度与室内环境参数的关系,并采用最小二乘法建立使用者满意度与室内环境参数的回归模型。通过 SPSS 的多元回归分析模块,建立使用者总体满意度与各分项环境满意度的回归模型,进而得到各类常见室内环境参数对总体满意度的影响权重。

4)模拟分析法

以典型办公建筑为例,利用 DesignBuilder 软件开展不同使用时长和人均建筑面积下典型办公建筑的能耗模拟工作,分析使用时长和人均建筑面积对办公建筑能耗的影响,并基于此提出办公建筑能耗修正方法。

1.5.3 研究框架及技术路线

本书的研究框架如图 1.12 所示,本书的研究技术路线如图 1.13 所示。

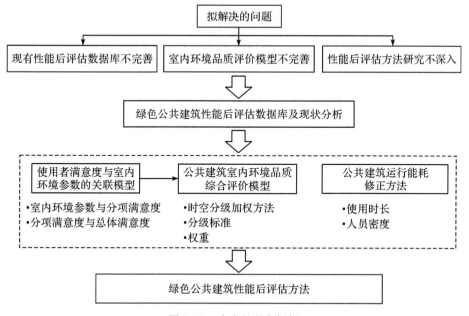

图 1.12 本书的研究框架

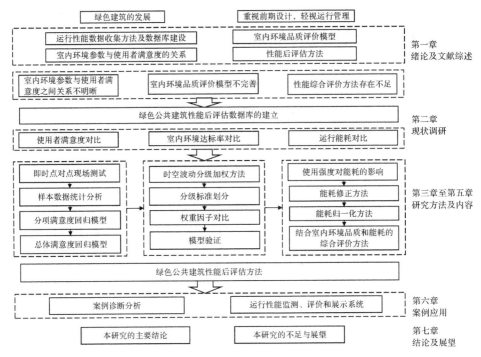

图 1.13　本书的研究技术路线

第 2 章　绿色公共建筑性能后评估数据库及现状分析

　　基础数据库的建立是开展性能后评估研究的前提。目前国内绿色公共建筑性能后评估数据库建设仍不完善,现有的运行性能数据库侧重于对能耗数据的收集,所覆盖的建筑类型、数据内容及质量有待扩展或提升,运行性能评价中所能获取的数据较为单一,难以支撑本研究的开展。本章将基于已有的研究和标准,提出综合性的运行性能数据收集方法,以浙江地区绿色公共建筑为对象开展运行性能数据收集,建立我国大规模、长周期、多类型、多维度的绿色公共建筑性能后评估数据库,为后续的性能后评估研究提供数据支撑。基于该数据库,总结不同绿色公共建筑使用者满意度、室内环境参数以及运行能耗三方面性能现状,分析回顾性使用者满意度与室内环境参数达标率之间的关联性,并剖析现有运行性能评价中存在的问题,为后续的综合性能后评估提供指导依据。

2.1　案例建筑的选择

　　公共建筑包括了办公、商业、学校、酒店及博览建筑等多种类型。其中办公、学校、科技类博览建筑中室内环境调控以满足使用者的需求为主。商场、医院、交通类公共建筑作为绿色公共建筑的重要组成部分,由于其内部涵盖的功能较为复杂,不同功能空间中照明、空调的运行模式、用能密度存在较大差异,且耗能的目的不仅是为了满足使用者的需要,还要考虑广告、医疗等其他特殊需求。综合考虑建筑的典型性、实测的难度以及研究的可操作性,选择办公、学校和博览三类建筑开展研究。博览建筑中博物馆、美术馆等细分类型建筑不仅需要满足观众的环境感受,更需关注室内环境对展品的影响(Lucchi,2016),因而环境控制目标与科技馆类博览建筑存在较大区别,室内环境品质的评价也不能仅考虑使用者的感受,鉴于此本研究不考虑这类要求提供恒温恒湿环境或有遗产保护要求的博览建筑。

　　研究以浙江省绿色公共建筑为对象,首先对浙江省绿色建筑的发展情况进行了梳理。根据浙江省建设科技推广中心提供的资料,截至2019年底浙江省累计有595个项目通过了我国绿色建筑评价标准的认证(见图2.1)。其中公共建筑共计318个,占比达到53%。办公、学校和博览建筑占到所有绿色公共建筑的60%以上。绿色建筑项目以一星和二星为主,占到总数的82%。获得运行标识的项目占项目总数不到5%(见表2.1)。从地区分布上看,浙江省绿色建筑的地区发展较不平衡,项目主要集中在经济发达地区(见图2.2),如杭州、温州、宁波以及嘉兴等地。

本研究结合浙江省绿色建筑的地区、类型以及星级分布特点,从浙江省318个绿色公共建筑项目中选取了8个办公建筑、4个学校建筑以及4个博览建筑开展运行性能调研(见图2.3)。本研究所选案例涵盖了杭州、绍兴以及嘉兴三地,以二星、三星建筑为主,包括了运行和设计标识项目两类。所选案例建筑的详细信息见附录2。

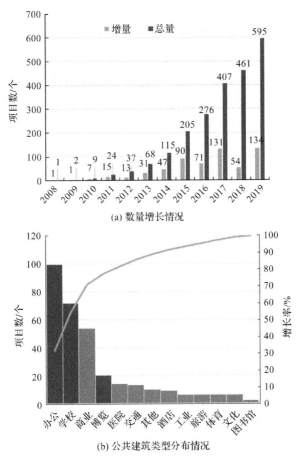

(a) 数量增长情况

(b) 公共建筑类型分布情况

图2.1 浙江省绿色建筑项目数量增长和公共建筑类型分布情况

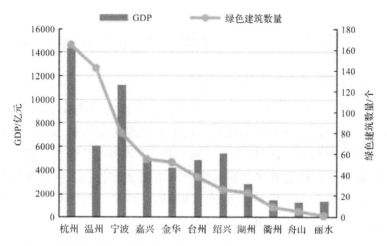

图 2.2 浙江省绿色建筑认证项目地区分布(GDP 为 2018 年数据,源自浙江省统计局)

表 2.1 浙江省绿色建筑星级分布情况

项目类型	一星建筑/个	二星建筑/个	三星建筑/个
设计标识	204	283	81
运行标识	10	12	5
总计	214	295	86

图 2.3 16 个绿色公共建筑案例外景

(B7 图源自赵群等(2011),X1 图源自被调研学校,其余均为作者自摄;

B:办公,X:学校,BL:博览,☆:设计标识,★:运行标识)

35

2.2 建筑性能后评估数据库构建及数据收集方法

本研究构建的绿色公共建筑性能后评估基础数据库的主要内容分为建筑系统信息、使用者满意度、室内环境参数以及建筑用能数据四个方面,具体如表 2.2 所示。建筑系统信息主要包括了建筑背景资料、围护结构信息、空调设备类型和参数、照明设备类型和参数、使用和运营管理信息等。使用者满意度包括了使用者背景信息和室内环境满意度投票。室内环境参数包括了声、光、热及空气品质等多方面环境参数。建筑用能数据包括了分项能耗及可再生能源运行数据等。

表 2.2　绿色公共建筑性能后评估数据库的主要内容

项目	子项目	具体内容	数据特点
建筑系统信息	建筑背景资料	项目地点、建造时间、气候区、单体建筑数量、建筑面积、容积率、层高、平面形式、建筑功能	原始数据
	围护结构信息	外墙、内墙、屋顶、门窗类型和参数	
	空调设备类型和参数	空调类型,冷热源类型和性能参数	
	照明设备类型和参数	光源类型、控制类型、照明功率密度等	
	使用和运营管理信息	空调区域面积、出租面积、自用面积、业主类型、常驻人数、作息时间、年平均工作时长	
使用者满意度	使用者背景信息	性别、年龄、工作类型、工作时长、服装热阻等	回顾性和即时点对点
	满意度	总体满意度、温度满意度、湿度满意度、光环境满意度、空气品质满意度及声环境满意度等	
室内环境参数	热环境	空气温度、相对湿度、空气流速等	长期监测和即时点对点现场测试
	光环境	桌面照度、地面照度等	
	声环境	室内噪声级、室外噪声级	
	空气品质	CO_2 浓度、$PM_{2.5}$ 浓度等	
建筑用能数据	分项能耗	制冷、供暖、照明、新风、动力、插座、生活热水等	逐时、日、月和年数据
	可再生能源运行数据	太阳能发电等	逐时、日、月和年数据

为了建立绿色公共建筑性能后评估方法,相应的运行性能数据收集方法包括了建筑系统信息收集、室内环境参数测试、使用者满意度调研以及运行能耗调研四个方面(见图 2.4)。

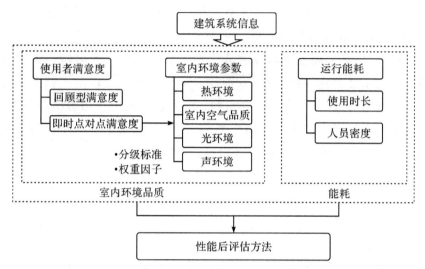

图 2.4　绿色公共建筑性能后评估数据收集方法

建筑系统信息相关数据主要通过现场调研和查阅绿色建筑项目申报书的方式获得,现场调研问卷详见附录 3。其他三项性能数据采集均来自现场实地调研,具体的调研和分析方法如下:

2.2.1　室内环境参数

研究采用长期监测和即时点对点现场测试相结合的室内环境参数数据收集方法,具体测试方案如表 2.3 所示。开展长期监测的目的是获取长周期、多维度的室内环境参数数据,进而更全面地掌握全年的室内环境现状,并为性能后评估提供数据支撑。采用即时点对点现场测试是为了掌握室内环境参数与使用者满意度之间的关系,作为室内环境品质评价的前期基础。

室内环境参数的选择上,本研究以已有的相关研究为基础(Wei et al.,2020,朱赤晖,2014,Piasecki et al.,2017),综合考虑长期测试的可行性以及参数与使用者满意度的相关性,主要选择了空气温度、相对湿度、CO_2 浓度、$PM_{2.5}$ 浓度、照度以及噪声级 6 种参数,涵盖热环境、空气品质、光环境及声环境四个方面。PMV 是表征热环境感受的重要参数,但在建筑实际运行过程中开展持续性测试的难度较大,考虑到未来推广应用的可操作性,研究选择空气温度、相对湿度这两个主要参数开展热环境分析。本研究所选案例均为投入运行 1 年以上的建筑,建筑内 TVOC、甲醛等污染性参数浓度较低,因此不考虑此类污染性参数。光环境方面由于眩光值长期监测难度大、与使用者难以一一对应,实际建筑中色温差异较小,本研究不考虑眩光值和色温,噪声级采用 A 计权声压级。

长期监测:长期测点要求覆盖建筑中人员活动的主要区域。针对办公建筑主要包括办公室、会议室以及前厅。学校建筑仅选取学生教室。博览建筑包括展厅、入口大厅以及中庭空间。测点位置位于使用者活动范围内,同时避免太阳直射。在案例建筑中夏季、过渡季以及冬季各开展为期两周以上的室内环境监测。长期测点要求覆盖建筑中 20% 以上的主要人员活动空间。

即时点对点现场测试:即时点对点实测的空间与长期监测的空间相对应,点对点样本均在主要人员活动区域中进行。由调研人员记录被调研者在填写问卷时对应的各项室内环境参数。各项环境参数均取填写问卷时 3 分钟内的平均值。照度实测中,办公和学校建筑采集桌面照度的平均值,博览建筑采集使用者 1 米范围内地面平均照度。根据即时点对点现场测试的需要,研究设计了调研者所需完成的室内环境参数记录表,如附录 4 所示。室内环境参数测试所使用的仪器及其精度信息如表 2.4 所示。

表 2.3　室内环境参数长期监测和即时点对点现场测试方案

测试方案	热环境	室内空气品质	光环境	声环境
室内环境参数	空气温度和相对湿度	CO_2 浓度和 $PM_{2.5}$ 浓度	照度	噪声级
空间位置	使用者端 1 米范围内		办公、学校:工作面;博览:地面	使用者端 1 米范围内 1.5m 高度处
长期监测	每栋建筑夏季、过渡季、冬季至少两周;间隔时间 10 分钟			连续 10 分钟以上
即时点对点现场测试	除照度外:3 分钟平均值;照度:空间位置中 3 个测点取平均			

表 2.4 室内环境测试采用的仪器型号及精度

室内环境参数	仪器名称	型号	精度
空气温度;相对湿度	温湿度自记仪	WSZY-1	空气温度:±0.2℃; 相对湿度:±2%
照度	照度自记仪	JTG-01	±4%
CO_2浓度	CO_2自记仪	WEZY-1	±50ppm
$PM_{2.5}$浓度	$PM_{2.5}$自记仪	QC-W1-PM	±10%
噪声级	多功能声级计	AWA6228+	0.01dB

表 2.5 室内环境参数达标率计算依据

室内环境参数	夏季	过渡季	冬季	参考标准
空气温度	24~28℃	21~28℃	18~24℃	《民用建筑供暖通风与空气调节设计规范 GB 50736—2012》(中华人民共和国住房和城乡建设部,2012)
相对湿度	40%~70%	无	≥30%	
CO_2浓度	≤1000ppm			《室内空气质量标准 GB/T 18883—2022》(国家市场监督管理总局和国家标准化管理委员会,2022)
$PM_{2.5}$浓度	≤37.5$\mu g/m^3$			《健康建筑评价标准 T/ASC02—2016》(中国建筑学会,2017)
照度	办公、学校桌面照度:≥300lx 一般展厅≥200lx(地面); 公共大厅≥200lx(地面)			《建筑照明设计标准 GB 50034—2013》(中华人民共和国住房和城乡建设部,2013a)
噪声级	办公:≤40dB(单人); ≤45dB(多人) 学校:≤45dB(普通教室) 博览:≤55dB(低限要求)			《民用建筑隔声设计规范 GB50118—2010》(中华人民共和国住房和城乡建设部和中华人民共和国国家质量监督检验检疫总局,2010)

以办公建筑为例,现场测试示意图如图 2.5 所示。测试过程中要求使用者保持原有的工作、学习或参观活动位置基本不变,根据对周围环境的即时感受完成满意度调研问卷,问卷内容包括了使用者背景信息和满意度感受等信息(见附录5)。在此期间,调研人员需要填写室外环境、建筑运行情况、房间布局等信息(见附录4),同时记录被调研者周围的温湿度、照度、

CO_2浓度、$PM_{2.5}$浓度及噪声级。即时点对点现场测试兼顾朝向、空间特点，要求覆盖建筑中 20％以上的人员主要活动空间以及 20％以上的使用人员。

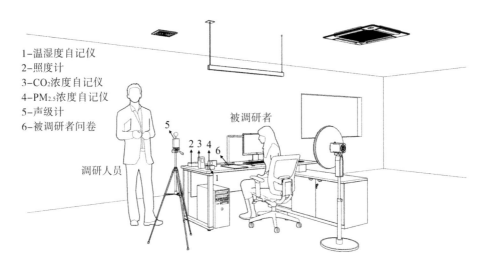

1-温湿度自记仪
2-照度计
3-CO_2浓度自记仪
4-$PM_{2.5}$浓度自记仪
5-声级计
6-被调研者问卷

被调研者

调研人员

图 2.5　即时点对点现场测试方法(以办公建筑为例)

　　每个季节中选取两个典型周的室内环境长期监测数据，用以代表相应季节期间的案例建筑室内环境情况。达标率计算只考虑运行时间内人员活动区域的室内环境参数数据，不考虑非运行时间的测试数据。达标率计算方式如下：

$$D = \frac{1}{M}\sum_{i=1}^{M} d_i \tag{2.1}$$

$$d_i = \begin{cases} 0, \text{测点数据不满足标准要求} \\ 1, \text{测点数据满足标准要求} \end{cases} \tag{2.2}$$

式中，M 为室内环境参数测试数据量；D 为室内环境参数达标率；d_i 为测点数据达标与否的判定结果，其判断依据参考相关国家标准的要求(见表2.5)。

2.2.2　使用者满意度

　　本研究根据不同建筑类型的特点分别设计了使用者满意度调研问卷。根据调研方法的不同，使用者满意度问卷调研可以分为回顾性满意度调研和即时点对点满意度调研两种。回顾性满意度指被调研者以回忆的方式对过去一个季节的室内环境进行主观投票的结果;即时点对点的满意度指被调研者对问卷调研期间即时的室内环境进行主观投票的结果。具体的办公、学校和博览使用者端问卷如附录 5 所示。回顾性满意度调研要求每栋楼全年调研问卷样本数量不少于 30 份。

为确保满意度数据的准确性,问卷调研中遵循以下三个原则:

(1)随机原则。调研期间不对被调研者进行主观筛选,不对年龄、性别等因素进行前期限制。

(2)自愿原则。发放前先询问被调研者是否愿意接受本次问卷调研,并解释本问卷的发放目的,若被调研者不愿意接受调研,则放弃本次问卷。规避随意填写的问卷,保证调研结果的可信度。

(3)回收二次确认原则。调研人员将根据回收问卷的结果,进行现场复核,对存在明显错误回答的问卷进行剔除或者数据更正,如衣着、工作性质的回答等。出现明显偏差的问卷结果后,调研人员将会与被调研者二次确认,确认无误后再回收问卷。

本研究采用的使用者满意度评价方法参考 CBE Survey,采用 7 级的里特克量表(Likert,1932)。1—7 分别代表"非常不满意"、"不满意"、"较不满意"、"中性"、"较满意"、"满意"以及"非常满意"七个等级。研究将结果为"非常满意"、"满意"、"较满意"、"中性"的投票归为满意投票,将满意投票占所有使用者满意度投票的比例定义为"满意率"。研究采用满意率来综合评价建筑各方面环境的使用者满意度情况。

2.2.3　运行能耗

建筑使用过程中的能耗包括由外部输入、用于维持建筑环境(如供暖、供冷、通风和照明)以及各类建筑内活动的用能(中华人民共和国国家质量监督检验检疫总局和中国国家标准化管理委员会,2017)。公共建筑能耗主要包括了公共建筑内空调、通风、照明、生活热水、电梯、办公设备等使用过程中的所有能耗。由于水耗整体占比较小,且运行规律与电耗差异较大,本研究不考虑建筑内的水耗。此外,公共建筑中集中设置的数据机房、厨房炊事等特定功能的用能不计入公共建筑能耗(中华人民共和国住房和城乡建设部,2016)。

案例建筑能耗数据通过电费账单、能耗监测平台或者电表读数三种方式获取。电费账单指物业部门定期向供电部门缴纳费用的记录清单。具备能耗监测平台的建筑则直接利用其能耗监测平台导出能耗数据,并根据分级电表的记录结果对建筑运行能耗进行校核。电表读数指通过物业部门每月人工抄电表的方式记录用电数据。研究要求每栋建筑均有连续 12 个月以上的总能耗以及分项能耗数据。

参考《上海市机关办公建筑合理用能指南》(上海市质量技术监督局,2015b)以及《民用建筑能耗设计标准》(中华人民共和国住房和城乡建设部,2016)的规定,公共建筑单位面积综合能耗的计算方法如下:

$$E = \sum_{i=1}^{n} k_i E_i \tag{2.3}$$

式中,E 为建筑总能耗,单位为 kWh;n 为建筑消耗的能源种类数量;k_i 为第 i 种能源折算电系数;E_i 为建筑在日常运营过程中消耗的第 i 种能源实物量,单位为实物单位。

$$E_o = E/A \tag{2.4}$$

式中,E_o 为建筑单位面积总能耗的实测值,单位为 kWh/m^2;A 为建筑实际使用面积,单位为 m^2。

2.3 绿色公共建筑性能后评估数据库的基本情况

2016 年至 2020 年,本研究对所选的 16 栋绿色公共建筑开展了包含建筑基本信息、使用者满意度、室内环境参数以及运行能耗四个方面的性能调研(见图 2.6)。研究累计收集了 3000 余份满意度问卷,100 余万条多类型、长周期、多维度的室内环境参数数据及 16 栋绿色公共建筑的全年用能数据。其中使用者满意度问卷分为回顾性和即时点对点两种,回顾性满意度调研均在 16 栋绿色公共建筑案例中开展,累计 1367 份。

为了较大范围地了解浙江地区各类型建筑中使用者对室内环境参数的要求,在 16 栋绿色公共建筑的基础上扩展了 4 栋非绿色公共建筑,累计获取了 1758 组即时点对点的使用者满意度和室内环境参数数据。表 2.6 汇总了 16 栋绿色公共建筑和 4 栋非绿色公共建筑的基本信息,包括了建筑类型、建筑面积、使用人数、人均建筑面积、空调形式和通风方式等。此外,为了分析绿色建筑与非绿色建筑在能耗方面的差异,结合已有研究(Geng et al.,2020；胡轩昂,2014；唐文龙等,2009；魏峥,2019；方舟,2020），在浙江及周边地区扩展收集了 39 栋非绿色办公建筑和 8 栋非绿色学校建筑的全年运行能耗。

长期监测及满意度调研

即时点对点现场测试

能耗调研

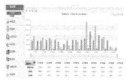

图 2.6　问卷调研及现场测试照片（作者自摄）

与国内外已有的建筑性能数据库相比（见表 1.2），本研究建立的运行性能数据库增加了室内环境参数与满意度一一对应的即时点对点数据，收集了绿色办公、学校及博览建筑全年典型季的室内环境参数数据，并丰富了公共建筑的运行能耗数据，为多维度性能分析及性能后评估方法的建立提供了数据支撑。

表 2.6　16 栋绿色公共建筑及 4 栋非绿色公共建筑基本信息

建筑类型	建筑序号	绿色建筑	建筑面积/m²	常驻人数/人	人均建筑面积/m²/人	空调形式	通风方式
办公建筑	B1	绿色建筑	39,000	600	65	集中式	混合通风
	B2	绿色建筑	7157	532	14	集中式	混合通风
	B3	绿色建筑	22000	300	73	集中式	混合通风
	B4	绿色建筑	3400	30	113	集中式	混合通风
	B5	绿色建筑	51400	1800	29	集中式	混合通风
	B6	绿色建筑	29600	300	99	集中式	混合通风
	B7	绿色建筑	23600	1000	24	分体式	混合通风
	B8	绿色建筑	61387	300	205	集中式	混合通风
	B9	非绿色建筑	35000	250	140	分体式	混合通风
	B10	非绿色建筑	30000	1000	30	分体式	混合通风
	B11	非绿色建筑	/	/	/	集中式	混合通风
学校建筑	X1	绿色建筑	70500	1962	36	分体式	混合通风
	X2	绿色建筑	24000	775	31	分体式	混合通风
	X3	绿色建筑	9297	180	52	集中式	混合通风
	X4	绿色建筑	33971	700	49	集中式	混合通风
	X5	非绿色建筑	6935	400	17	分体式	混合通风
博览建筑	BL1	绿色建筑	5000	27（日均）	185	集中式	混合通风
	BL2	绿色建筑	34000	2740（日均）	12	集中式	机械通风
	BL3	绿色建筑	30963	428（日均）	72	集中式	机械通风
	BL4	绿色建筑	20429	150（日均）	136	集中式	机械通风

2.4　基于数据库的绿色公共建筑性能现状分析

本章节基于上文建立的绿色公共建筑性能后评估基础数据库，通过统计分析使用者回顾性满意度、室内环境参数达标率以及运行能耗结果，来揭示夏热冬冷地区办公、学校及博览三类绿色公共建筑中使用者满意度、室内环境参数以及能耗三方面运行性能现状，并分析建筑运行性能评价中存在的问题。

2.4.1　案例建筑概况

表 2.7 汇总了所选 16 栋绿色公共建筑的运行时间和代表性空间等基本信息。使用者满意度调研以及室内环境参数测试均在运行时间的代表性空间中开展。

表 2.7　办公、学校及博览建筑典型运行时间和空间特征

建筑类型	建筑特点			代表性空间
办公	办公类型	党政机关办公	商业办公	开放式办公 半开放式办公 独立办公
	运行时间	周一——周五 朝九晚五	周一——周日 加班	
	代表案例	B2、B3、B5、B8	B1、B4、B6、B7	
	人均建筑面积	14～205m²/人		
学校	学校类型	中小学	大学	教室
	运行时间	周一——周五 连续 8 小时	周一——周日 间歇使用	
	代表案例	X1、X2、X4	X3	
	人均建筑面积	17～52m²/人		
博览	博览类型	对外开放型	企业附属型	展厅开放式中庭
	运行时间	周二——周日 朝九晚五	周一——周五 朝九晚五	
	代表案例	BL2、BL3、BL4	BL1	
	人均建筑面积	12～185m²/人		

根据办公性质的不同,将办公建筑分为党政机关办公和商业办公两类。B4、B6、B7 及 B8 办公建筑属于党政机关办公,B1、B2、B3 及 B5 办公建筑属于商业办公。由于商业办公中普遍存在加班的现象,其运行时长要明显高于党政机关办公。办公建筑中的代表性空间主要分为开放式办公、半开放式办公以及独立办公室三种(见图 2.7)。开放式办公指办公区域内无隔断,所有空间均直接连通。半开放式办公指办公区域内使用高低不等的隔断进行分割,私密性更好。独立办公室指由墙体分割出来的相对独立的办公空间,房间面积一般比开放式更小,私密性最好。

开放式办公

半开放式办公　　　　　　　　　　　独立办公

图 2.7　开放式办公、半开放式办公以及独立办公空间实景照片(作者自摄)

根据服务对象和建筑运行规律的不同,将学校建筑分为中小学和大学两类。中小学学校教室使用的规律性明显,多严格按照周一到周五固定 8—9 小时的课表运行。大学建筑中学生均为走班式上课,因而周一到周日教室空间呈现间歇运行的特点。本研究仅分析学校建筑中最具代表性的教室空间(见图 2.8),其他非学生长期使用的空间不纳入考虑范围。

根据其对外开放的情况,将博览建筑分为对外开放型和企业附属型两类。BL2、BL3 以及 BL4 均为对外开放型博览建筑,实行周一闭馆,全年无休的运行模式。每天开放时间为 9 点到 17 点。BL1 为企业附属型博览建筑,其与党政机关办公建筑的运行模式一致。博览建筑中主要空间类型包括了展厅和开放式中庭两类(见图 2.9)。

图 2.8　绿色学校建筑典型教室实景照片(X4 图源自学校官网,其他均为作者自摄)

图 2.9　绿色博览建筑典型中庭空间和展厅空间实景照片(作者自摄)

2.4.2 室内环境现状

　　研究从绿色公共建筑性能后评估基础数据库中,选择部分绿色公共建筑的室内环境参数长期监测数据,分别统计了建筑室内各项环境参数在典型季节下运行时间内的四分位图以及达标率结果。在夏季、过渡季以及冬季各选取完整两周时间的室内环境参数数据。各案例建筑长期监测时间分布情况如表 2.8 所示。根据前期在浙江地区的调研结果,本研究中所选案例建筑的供冷季为 6 月到 9 月中旬,将其定义为夏季。供热季为 11 月下旬到 3 月中旬,将其定义为冬季。其他月份定义为过渡季。

表 2.8　绿色公共建筑室内环境长期监测时间分布情况

建筑编号	测点数量	夏季	过渡季	冬季
B1	6	2017/7/10－2017/7/21	2017/10/9－2017/10/20	2017/12/25－2018/1/5
B2	5	2017/7/10－2017/7/21	2017/10/9－2017/10/20	2017/12/25－2018/1/5
B3	4	2018/7/9－2018/7/20	2018/4/25－2018/5/8	2020/1/3－2020/1/16
B4	4	2018/7/9－2018/7/20	2018/10/8－2018/10/19	2018/12/12－2018/12/25
B6	3	2020/8/25－2020/9/8	2020/11/2－2020/11/13	2020/12/7－2020/12/21
X1	5	2018/6/11－2018/6/22	2018/4/25－2018/5/8	2018/12/10－2018/12/21
X2	5	2018/6/11－2018/6/22	2018/4/16－2018/4/27	2018/1/22－2018/2/2
X3	6	2019/9/1－2019/9/14	2019/9/20－2019/10/10	2019/12/9－2019/12/20
BL1	5	2018/7/10－2017/7/23	2018/10/8－2018/10/19	2018/12/11－2018/12/24
BL2	5	2018/7/10－2017/7/23	2018/10/9－2018/10/21	2018/12/11－2018/12/24
BL3	5	2020/7/25－2020/8/7	2020/10/31－2020/11/13	2020/12/7－2020/12/21
BL4	5	2020/7/25－2020/8/7	2020/10/31－2020/11/13	2020/12/7－2020/12/21

　　建筑运行时间由问卷调研及物业咨询的方式获取,其结果汇总于表 2.9。

表 2.9 绿色公共建筑运行时间汇总

建筑编号	工作日	运行时间
B1	周一到周五	8:00－20:00
B2	周一到周五	9:00－20:00
B3	周一到周五	8:00－17:00
B4	周一到周五	8:00－17:00
B6	周一到周五	8:00－17:00
X1	周一到周五	8:00－17:00
X2	周一到周五	8:00－17:00
X3	周一到周五	8:00－21:00
BL1	周一到周五	9:00－17:00
BL2	周二到周日	9:00－17:00
BL3	周二到周日	9:00－17:00
BL4	周二到周日	9:00－17:00

由于建筑内非运行时间多无人使用,且不开启空调和人工照明,为更准确描述人员活动情况下的室内环境现状,在统计达标率时仅分析工作日运行时间内的室内环境参数数据,从而减少非运行时间室内环境参数波动产生的影响。

1)热环境现状

图 2.10 汇总了三类绿色公共建筑夏季、过渡季以及冬季室内空气温度以及相对湿度的四分位图和达标率结果。

空气温度方面,各案例建筑中夏季室内空气温度平均值为 26~27℃,绝大多数建筑能满足标准中 24~28℃的要求,仅 X2 和 BL1 建筑室内空气温度达标率较低(不足 80%)。过渡季环境下,室内空气温度波动幅度大于夏季,半数以上的建筑室内空气温度达标率低于 80%。冬季环境下,办公建筑室内空气温度平均值(22℃)明显高于学校(15℃)和博览建筑(18℃),相应的达标率也明显更高。X1 和 X2 建筑在冬季未开启空调制热,冬季教室仍以自然通风的方式运行,其室内空气温度受室外影响极大,室内空气温度平均值不足 15℃,达标率不足 20%。这说明冬季学校的室内空气温度有待改善。

　　从相对湿度上看,同一建筑中夏季室内相对湿度最高,其次是过渡季,冬季最低。夏季三类绿色公共建筑室内相对湿度长期大于50%,处于较高水平。半数以上的建筑中室内相对湿度达标率小于80%,特别是B1、BL2、BL3建筑室内长期处于70%以上的高湿度环境。我国现行相关标准对过渡季相对湿度没有提出控制要求,因此无达标率计算结果。冬季三类建筑的室内相对湿度达标率均大于80%,半数以上的建筑达标率接近100%。

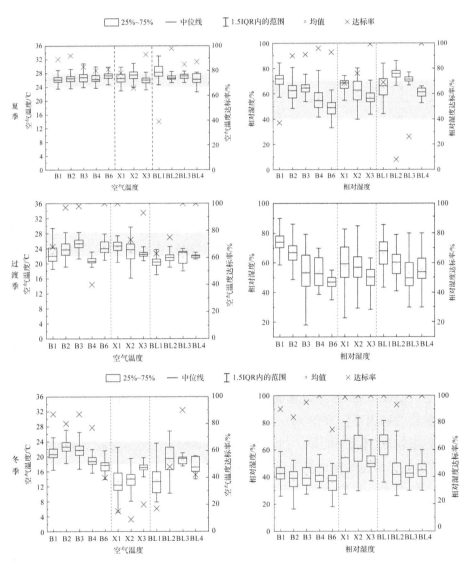

图2.10　绿色公共建筑典型季节室内空气温度和相对湿度四分位图及达标率对比

(IQR表示四分位距,下同)

2）空气品质环境现状

图 2.11 汇总了三类绿色公共建筑在典型季节下的室内 CO_2 和 $PM_{2.5}$ 浓度四分位图和达标率结果。

从 CO_2 浓度来看，绝大多数情况下三类建筑中室内 CO_2 浓度处于 1000ppm 以下，仅冬季学校建筑接近半数时间处在 1000ppm 以上的水平。同一季节中，学校建筑室内 CO_2 浓度整体水平均高于办公和博览建筑，主要由于学校教室空间中人员密度明显大于办公和博览建筑，由使用者呼出的 CO_2 量更大。办公和博览建筑中，过渡季 CO_2 浓度略低于夏季和冬季。

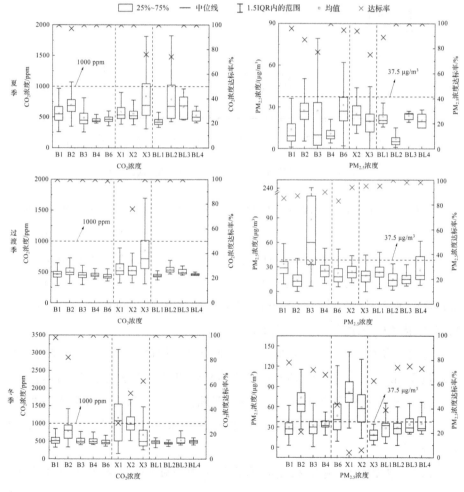

图 2.11   绿色公共建筑典型季节室内 CO_2 和 $PM_{2.5}$ 浓度四分位图及达标率对比

分别选取 B1、X2 以及 BL2 作为办公、学校及博览建筑的典型案例,进一步分析不同类型建筑内 CO_2 的浓度变化特点。图 2.12 对比了三个典型建筑中冬季某一典型周室内 CO_2 浓度变化情况。结果表明,室内 CO_2 浓度变化以周为单位呈现明显的周期性变化。具体来看,博览建筑中室内 CO_2 浓度自周一到周日逐步升高,这主要是因为周一到周日,每日参观人流量不断增加,CO_2 浓度高峰出现于周六和周日两天,达到了 1500ppm。

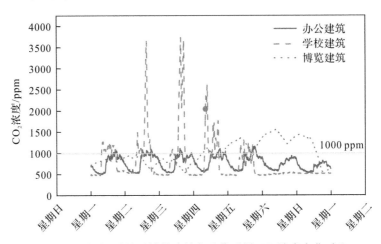

图 2.12　办公、学校及博览建筑冬季典型周 CO_2 浓度变化对比

学校建筑中,周一到周五工作日的 CO_2 浓度变化规律基本一致,每日变化表现出明显的双峰特点。工作日 7 点到 8 点,CO_2 浓度快速从 500ppm 爬升至 1000ppm 以上。部分工作日其高峰值甚至一度超过了 3000ppm。中午学生离开教室去食堂就餐,其间 CO_2 浓度出现小幅回落。随着学生回到教室再度快速上升,直到下午 5 点放学又快速回落至 500ppm。周末放假期间,教室内 CO_2 浓度维持在 500ppm 左右。

办公建筑中,工作日每日的 CO_2 浓度变化规律高度一致,变化趋势总体呈现倒 U 形。办公建筑中 CO_2 浓度波动幅度明显小于学校建筑。高峰值约 1000ppm,出现在每日下午 5—6 点下班时间段。周末仅有少部分人员加班,其变化规律与工作日接近,但 CO_2 浓度高峰水平降为 900ppm(周六)和 800ppm(周日)。

$PM_{2.5}$ 浓度方面,夏季和过渡季建筑室内 $PM_{2.5}$ 达标率整体高于冬季。多数建筑在夏季和过渡季 $PM_{2.5}$ 浓度达标率处于 80% 以上的高水平,仅有 B3 建筑在过渡季的 $PM_{2.5}$ 浓度达标率出现了大幅度下降。各案例建筑冬季的 PM$_{2.5}$浓度达标率普遍维持在 60%～80%之间。同一季节中,处于非城市核心区的建筑室内 PM$_{2.5}$浓度总体低于处于城市核心区的建筑,如三栋处于杭州主城区的 X1、X2 和 B2 建筑在冬季 PM$_{2.5}$浓度达标率均不足 30%,达标率总体低于处于其他中小城市及郊区的案例建筑。

3)光环境现状

本研究中光环境参数仅考虑桌面照度(办公、学校)或地面照度(博览)。由于室内照度极易受到自然采光以及人员活动遮挡等影响,因此在分析照度环境时,以全阴天环境下,人工即时测量的桌面照度或地面照度为依据进行分析。

图 2.13 汇总了绿色公共建筑中室内桌面照度或地面照度分布情况。结果表明办公和学校建筑整体照度水平处于 200～500lx 范围内。办公建筑中,仅有 B1 和 B4 的桌面照度平均值达到了普通办公室 300lx 的要求。学校建筑中 X2 建筑整体照度水平较低,平均桌面照度不足 200lx,桌面照度达标率为 0。博览建筑中,从平均值上看,BL1 地面照度水平最高,BL2、BL3 和 BL4 整体照度水平接近。这主要是由于 BL1 建筑体量最小,展厅部分对外设置了大量的外窗来采光。而 BL2、BL3 以及 BL4 建筑体量大,展厅部分均未设置外窗,仅依靠人工照明保证室内光环境,相应的室内照度水平明显低于可以对外自然采光的 BL1 建筑。

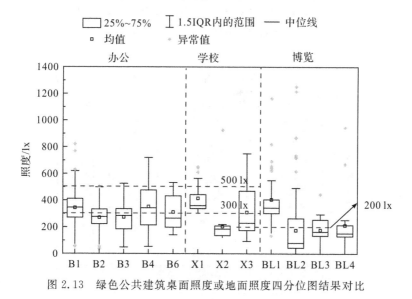

图 2.13　绿色公共建筑桌面照度或地面照度四分位图结果对比

4）声环境现状

图 2.14 显示了各绿色公共建筑正常运行环境下室内噪声级分布情况。其中学校建筑由于使用的特殊性，仅选择较为安静的学生自习时段开展噪声级测试。

结果表明办公和学校建筑中室内噪声级处于 40～60dB 范围内。博览建筑中，BL2 和 BL3 建筑由于室内人流量大以及展厅设备音响等影响，室内噪声级平均值达到了 72dB。BL1 和 BL4 建筑中无展厅设备音响，且人流量较小，相应的室内噪声级与 BL2 和 BL3 相比明显更低，与办公和学校建筑接近。

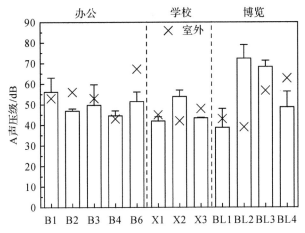

图 2.14 绿色公共建筑典型空间内室内外噪声级水平对比

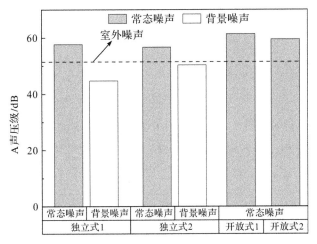

图 2.15 B1 建筑中不同类型办公室室内噪声级水平对比

以 B1 办公建筑为例,进一步分析办公建筑内不同类型空间的噪声级差异。图 2.15 展示了 B1 建筑中独立式办公和开放式办公的室内噪声级水平。独立式办公的室内背景噪声比室外噪声低 3～8dB。常态运行过程中,独立式办公室内噪声比开放式办公低约 3dB。主要是因为开放式办公所容纳的办公人员往往更多,开关门、键盘敲击、交流谈话以及人员走动等活动比独立式办公中出现得更加频繁。

2.4.3　使用者满意度现状

本研究于 2016 年至 2020 年对所选的绿色公共建筑开展了回顾性满意度调研,累计获取到问卷 1367 份,其中夏季 289 份(不含学校),过渡季 674 份,冬季 404 份。统计得到使用者对各分项环境的满意率结果如图 2.16 所示。

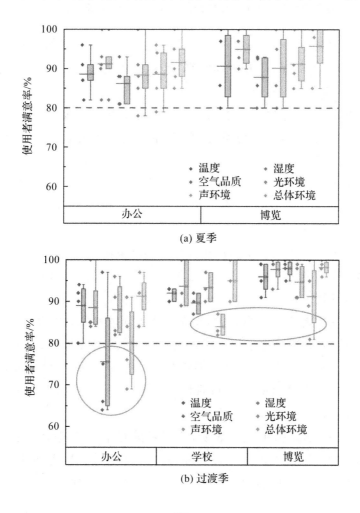

(a) 夏季

(b) 过渡季

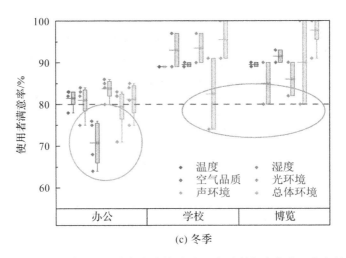

(c) 冬季

图 2.16　绿色公共建筑中满意度统计结果对比（每个数据点代表一个案例建筑）

结果表明夏季工况下,绿色办公和博览建筑室内各项环境的满意率均处于较高水平(>80%)。分项环境来看,总体环境满意率和湿度满意率最高,空气品质和光环境满意率最低。

过渡季工况下,绿色办公建筑中空气品质和声环境满意率较低,半数以上不足 80%。绿色学校和博览建筑,声环境满意率明显低于其他分项满意率。

冬季工况下,绿色办公和博览建筑的各分项环境满意率水平相比过渡季和夏季均出现了 5%～10% 的下降。绿色办公建筑中问题最突出的依旧是空气品质和声环境,两者的满意率平均值分别仅为 71% 和 79%。绿色学校建筑中声环境不满意率平均值比其他分项环境满意率低 10% 左右。

借助长期监测结合回顾性满意度调研方法得到的长周期环境参数达标率和回顾性使用者满意率,初步分析室内环境参数与使用者满意度之间的关联性。以使用者满意率为 x 轴,相应的物理环境参数达标率为 y 轴绘图,得到两者的对比结果如图 2.17 所示。采用 SPSS.20 软件(Statistical Program for Social Sciences.20,IBM 公司)的 Pearson 回归分析讨论使用者满意率与环境参数达标率之间的相关关系,相关系数如表 2.10 所示,其中显著性水平定义为 0.05。

图 2.17 和表 2.10 的结果表明,使用者满意率与环境参数达标率并没有显著的相关关系($P>0.1$),与现有研究在我国其他地区得到的结论(住房和城乡建设部"绿色建筑效果后评估与调研分析"课题组,2014)基本一致。

因此简单采用现行国标统一的室内环境标准评估室内环境,得到的结果与使用者的感受不一致。结果验证了长期监测结合回顾性满意度调研在分析环境参数与使用者满意度关系时存在局限性。

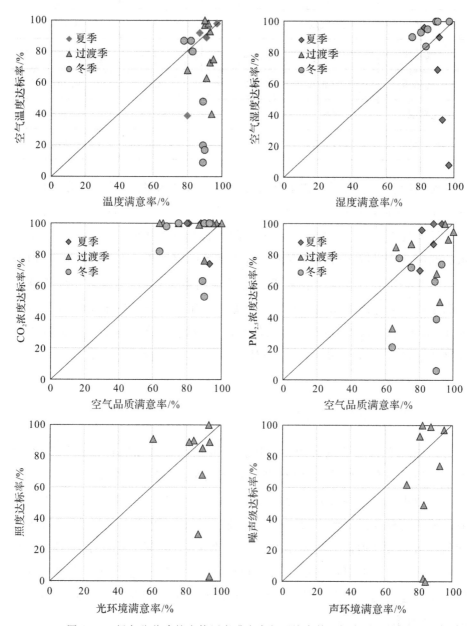

图 2.17　绿色公共建筑中使用者满意率与环境参数达标率对比结果

表 2.10　使用者满意率与环境参数达标率相关性分析结果

满意率	达标率	样本数	相关系数	显著性 P（双侧）
温度	空气温度	21	0.04	0.863
湿度	相对湿度	12	-0.471	0.122
空气品质	CO_2 浓度	21	-0.141	0.541
空气品质	$PM_{2.5}$ 浓度	20	0.295	0.207
光环境	照度	9	-0.221	0.568
声环境	噪声级	9	0.240	0.534

　　使用者满意率与相应物理环境参数达标率的偏差主要有两方面原因。一方面,实际运行环境下使用者对室内环境参数的要求,和针对设计阶段的相关标准要求不一致。如 CO_2 浓度我国现行标准为 1000ppm,而图 2.11 显示的调研结果说明多数建筑室内 CO_2 浓度达标率处于 100% 的高水平,但对应的空气品质满意度却明显低于其他分项满意度;个别建筑内照度长期无法满足相应的标准要求,但是光环境满意率却并未出现明显的下降。另一方面,由于回顾性满意度调研方法的限制,满意度与之对应的环境参数难以准确获取,因而难以有效地建立起使用者回顾性满意度与相应室内环境参数之间的对应关系。

2.4.4　建筑用能情况

　　16 栋绿色公共建筑案例的能耗获取方式以及分项能耗信息如表 2.11 所示。调研的案例建筑中,仅有 B1、B2、B5、X3 以及 X4 建筑可以通过能耗监测平台正常导出逐日分项能耗数据。虽然半数以上的建筑在设计阶段均要求配备能耗监测平台,但是建筑运行过程中长期处于闲置状态,且缺少专业的技术人员开展能耗的定期统计和校准工作,因而无法导出可靠的能耗数据。研究同时调研并获取了长三角地区 39 栋非绿色办公建筑和 8 栋非绿色学校建筑的实际运行能耗,其与 16 栋绿色公共建筑总能耗对比结果如图 2.18 所示。

表 2.11 16 栋绿色公共建筑能耗获取方式及分项能耗情况

建筑编号	能耗获取方式	全年总能耗	全年分项能耗	逐日分项能耗
B1	能耗监测平台	有	有	有
B2	能耗监测平台	有	有	有
B3	电表读数	有	无	无
B4	能耗监测平台	有	有	无
B5	能耗监测平台	有	有	有
B6	电费账单	有	无	无
B7	电表读数	有	无	无
B8	能耗监测平台	有	有	无
X1	能耗监测平台	有	有	无
X2	电费账单	有	无	无
X3	能耗监测平台	有	有	有
X4	能耗监测平台	有	有	有
BL1	电费账单	有	无	无
BL2	能耗监测平台	有	有	无
BL3	能耗监测平台	有	无	无
BL4	能耗监测平台	有	无	无

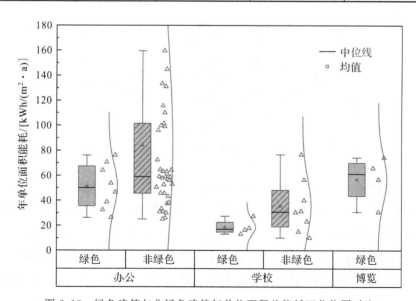

图 2.18 绿色建筑与非绿色建筑年单位面积总能耗四分位图对比

　　总体能耗方面,从平均值上看,绿色公共建筑年单位面积总能耗明显低于同类型的非绿色公共建筑,其中办公建筑降低了 39%,学校建筑降低了47%。绿色公共建筑案例中,办公建筑和博览建筑能耗整体水平接近。办公和博览建筑年单位面积总能耗约是同地区绿色学校建筑的 3~4 倍。

　　为找出不同类型建筑间能耗差距悬殊的原因,对各绿色建筑案例的分项能耗进行拆分。研究通过查阅绿色建筑案例的申报材料,获得了 16 栋案例建筑的年总能耗设计值,与实测值对比汇总于图 2.19。结果表明设计阶段的能耗模拟值与实际运行阶段的实测值普遍存在较大差异,9 个案例的总能耗设计值超过了实测值的 1.5 倍之多,其中 X1 和 X2 建筑的设计值达到了实测值的 5.6 倍和 7 倍。说明多数建筑在设计阶段的模拟结果难以准确反映案例建筑实际能耗水平。

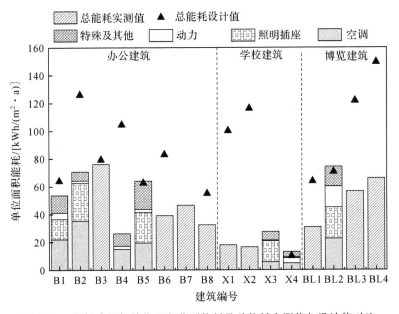

图 2.19　案例建筑年单位面积分项能耗及总能耗实测值与设计值对比

　　分项能耗方面,办公和博览建筑中,空调和照明插座能耗合计占到了总能耗的 2/3 左右。B4 绿色办公建筑由于存在实验室等特殊空间,用能结构与其他办公建筑差异较大。主要用能来自实验设备,照明能耗占比较小。学校建筑中暑假和寒假无人使用,供冷和制热运行时间相比办公和博览建筑较短,因而空调能耗明显低于办公和博览建筑。大学建筑 X3 由于存在更多的公区照明,并且日运行时间更长,其照明能耗明显高于中小学建筑。

选择年使用时长和人均建筑面积分别用以表征建筑运行时间和人员密度的强度。采用最小二乘法,建立年单位面积能耗与年使用时长和人均建筑面积的线性回归模型,结果如图 2.20 所示。其中使用时长的回归分析纳入了办公、学校和博览三类建筑案例。由于三类建筑中人员分布和活动特点差异明显,在人均建筑面积的回归分析中仅考虑绿色办公建筑案例。

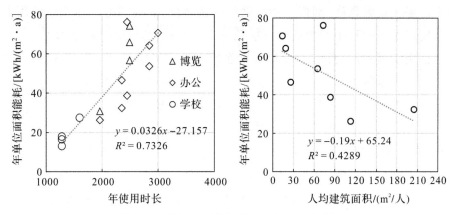

图 2.20   年单位面积能耗实测值与使用时长和人均建筑面积的关系

图 2.20 结果表明,不同使用时长和人员密度的建筑运行能耗差异非常大。三类公共建筑中,年使用时长每增加 500 小时,年单位面积能耗增加 $16.3\text{kWh}/(\text{m}^2 \cdot \text{a})$($R^2=0.73$)。办公建筑案例年使用时长的差距非常大,博览(平均 2362 小时)和学校建筑(平均 1360 小时)使用时长相对较短。办公建筑中,商业办公 B1、B2、B3 及 B5 建筑的年使用时长均超过了 2500 小时,其年单位面积能耗要明显高于 B4、B6、B7 及 B8 这类行政机关办公类建筑。人均办公建筑面积每增加 30m^2,年单位面积能耗减少 $5.7\text{kWh}/(\text{m}^2 \cdot \text{a})$($R^2=0.43$)。对比来看,人均建筑面积对建筑运行能耗的影响程度要明显低于年使用时长。上述结果表明运行能耗受年使用时长和人均建筑面积影响较大,在对比建筑能耗性能时,不应忽视使用强度带来的影响,如直接采用能耗实测值进行对比容易对能耗性能结果产生误判。

2.5   本章小结

本章针对现有性能后评估数据库不完善,性能后评估缺少全面数据支撑的问题,基于已有研究和标准提出了综合性的绿色建筑性能后评估数据收集方法,并以浙江地区的公共建筑为例开展性能数据收集,建立了大规模、长周期、多类型、多维度的绿色建筑性能后评估数据库。数据库以浙江地区 16 个办公、学校及博览建筑为主要对象,积累了 100 余万条多类型、长周期的室内环境参数数据、3000 余份使用者对各个季节室内环境的回顾性满意度问卷和即时点对点满意度问卷及 60 余栋公共建筑的全年实际用能数据。基于该数据库,剖析了浙江地区绿色办公、学校与博览建筑中使用者满意度以及室内环境参数和运行能耗三方面运行性能现状,总结如下:

使用者满意度:夏季办公和博览建筑中使用者满意率均处于较高水平(>80%)。过渡季和冬季中,办公建筑空气品质和声环境满意率最低,半数以上不足 80%。学校和博览建筑,声环境满意率明显低于其他分项满意率。

室内环境参数:空气温度方面,办公建筑全年达标率基本稳定在 80% 以上,冬季学校和博览建筑达标率极低,普遍低于 30%。相对湿度方面,同一类建筑中,夏季、过渡季及冬季的相对湿度依次下降。空气品质方面,三类建筑中室内 CO_2 浓度全年普遍低于 1000ppm,但冬季学校达标率均低于 63%。夏季和过渡季室内 $PM_{2.5}$ 浓度普遍低于 $37.5\mu g/m^3$,但冬季长期处于超标状态。

长期监测结合回顾性满意度调研结果表明:使用者满意率与环境参数达标率没有显著的相关关系,而且室内环境参数在时间以及不同空间上的差异也很大。采用现行针对设计阶段的室内环境相关标准评估室内环境,得到的结果与使用者的感受不一致,为评估运行阶段的室内环境品质性能,有必要建立更加准确的室内环境参数与使用者满意度的关系。

建筑运行能耗:设计阶段的能耗模拟值难以准确反映建筑的实际能耗水平。不同使用时长和人员密度的建筑运行能耗差异非常大。三类公共建筑中,年使用时长每增加 500 小时,年单位面积能耗增加 $16.3kWh/(m^2 \cdot a)$($R^2=0.73$)。对于办公建筑,人均建筑面积每增加 $30m^2$,年单位面积能耗减少 $5.7kWh/(m^2 \cdot a)$($R^2=0.43$)。建筑性能后评估时需要根据使用强度对能耗进行修正。

第3章 室内环境参数与使用者满意度的关联性研究

第2章中回顾性使用者满意率与环境参数达标率的相关性分析结果表明,环境参数达标率与使用者满意率无显著的相关关系。这主要是由于回顾性满意调研无法准确获取满意度投票所对应的室内环境参数,因而研究难以建立起准确的两者关系。基于此,本章采用即时点对点现场测试数据开展研究,旨在建立夏热冬冷气候条件下声、光、热及空气品质等多方面环境参数与相应使用者满意度的关系,为室内环境品质主客观综合评价模型的建立奠定基础。

3.1 即时点对点数据

3.1.1 测试建筑的室内环境

从性能后评估数据库中获取了1758组使用者满意度和相应的室内环境参数一一对应的即时点对点数据,数据来源如表3.1所示。即时点对点现场测试的空间与长期监测的空间相对应,如表2.7所示。相应的实测时间也均在工作、学习或参观时间进行。测试兼顾朝向、空间特点,要求覆盖建筑20%以上的主要活动空间及20%的使用人员。

表 3.1 即时点对点样本在不同类型建筑中的分布情况

建筑类型	建筑名称	样本量	占比/%
办公	B1—B8	1062	60
学校	X1—X4	496	28
博览	BL1—BL4	200	12
小计		1758	100

点对点数据由调研人员在 2016 年至 2020 年期间,于浙江地区 16 栋绿色公共建筑和 4 栋非绿色公共建筑中测试获得(见表 2.6)。其中办公建筑中累计 1062 组,占到总样本量的 60%。学校建筑中累计获取 496 组,占到总样本量的 28%。博览建筑中累计获取 200 组,占到总样本量的 12%。

研究选取表 2.7 所示的办公、学校以及博览建筑中的代表性空间开展即时点对点现场测试,并尽量使不同朝向的房间样本分布均匀。在使用者完成满意度问卷期间,由调研人员记录每位被调研者位置的空气温度、相对湿度、PM$_{2.5}$浓度、CO_2浓度、桌面照度以及噪声级等信息,调研人员记录表见附录 4。

夏季室内空气温度和相对湿度数据采集于夏季供冷运行时。相应的冬季室内空气温度和相对湿度数据采集于冬季供暖运行时。调研样本中,室内风速均处在 0.2m/s 以内,无明显吹风感,因此本研究不考虑风速的影响。采用 SPSS.20 软件的频率分析模块,统计得到各室内环境参数的波动范围、平均值以及标准差结果(表 3.2),以及每项室内环境参数频率分布直方图(图 3.1)。

表 3.2 使用者端室内环境参数分布范围

室内环境参数	参数范围	均值	标准差
夏季空气温度/℃	22.0～30.0	26.6	1.3
夏季相对湿度/%	45.4～82.5	61.4	7.9
过渡季空气温度/℃	20.4～29.9	26.2	1.6
过渡季相对湿度/%	36.5～88.4	56.0	12.7
冬季空气温度/℃	16.2～27.0	22.2	1.9
冬季相对湿度/%	35.0～58.9	44.8	4.7
PM$_{2.5}$浓度/($\mu g/m^3$)	1.0～130.0	35.2	20.3
CO_2浓度/ppm	384～2082	798	320
桌面照度—办公、学校/lx	35～1300	286	145
地面照度—博览/lx	0～2246	217	317
噪声级—办公、学校/dB	35.3～66.3	52.5	6.2
噪声级—博览/dB	41.5～74.0	63.2	7.3

结果表明浙江地区公共建筑中夏季室内空气温度和相对湿度平均值分

别为 26.6℃ 和 61.4％。过渡季空气温度和相对湿度在均值上与夏季接近，但整体的波动范围相较夏季有所增大。冬季室内空气温度平均值达到了 22.2℃，相对湿度平均值为 44.8％。对比《浙江省实施〈公共机构节能条例〉办法》(浙江省人民政府，2014) 中规定的夏季不低于 26℃、冬季不高于 20℃ 的控制要求来看，调研样本中冬季室内空气温度比现行办法要求更高。CO_2 浓度和 $PM_{2.5}$ 浓度平均值分别为 798ppm 和 35.2μg/m³，两个样本分别主要集中在 1200ppm 和 60μg/m³ 以下的低浓度范围。办公和学校建筑中桌面照度平均值达到了 286lx，博览建筑地面照度平均值为 217lx，前者照度分布更加均匀，标准差更小。办公和学校中噪声级集中于 40～65dB，分布较为均匀。博览噪声级平均值达到了 63.2dB，以 60～70dB 的高噪声水平为主。

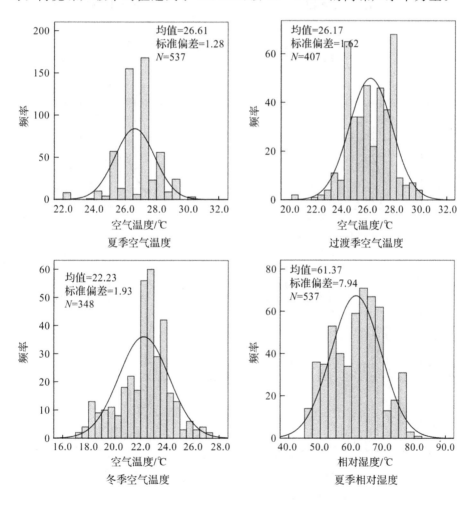

夏季空气温度

过渡季空气温度

冬季空气温度

夏季相对湿度

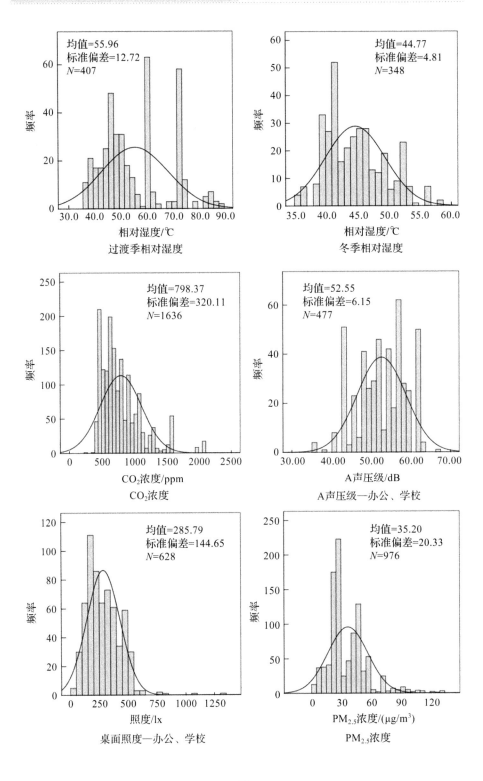

均值=55.96
标准偏差=12.72
N=407

过渡季相对湿度

均值=44.77
标准偏差=4.81
N=348

冬季相对湿度

均值=798.37
标准偏差=320.11
N=1636

CO_2浓度

均值=52.55
标准偏差=6.15
N=477

A声压级—办公、学校

均值=285.79
标准偏差=144.65
N=628

桌面照度—办公、学校

均值=35.20
标准偏差=20.33
N=976

$PM_{2.5}$浓度

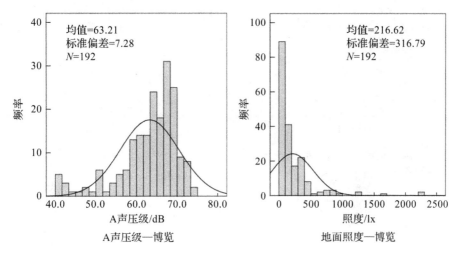

图 3.1 使用者端各项室内环境参数频率分布

3.1.2 被调研者的背景信息

本研究累计获取到 1758 组被调研者的背景信息,具体包括性别、年龄、衣着情况等(见图 3.2)。被调研人员中男女比接近 2:1。年龄分布上看,被调研者以小于 30 岁的人群为主,达到了总数的 74%。其次为 30~40 岁年龄段,占到了 21%。超过 40 岁的被调研者占到 5%。被调研人员以专业技术人员和学生为主。

在问卷调研结果的基础上,参考清华大学李敏的服装热阻数据(李敏,2016),得到被调研者在不同季节的服装热阻结果(见图 3.2d)。夏季被调研者的服装热阻平均值为 0.26clo,冬季为 0.97clo,过渡季为 0.41clo。其中夏季服装热阻波动最小,冬季次之,过渡季被调研者的服装热阻波动最大。在调查过程中,学校和办公建筑中,被调研者都处于静坐工作或者学习状态,新陈代谢率约为 1.1 met(American Society of Heating and and Air-Conditioning Engineers,2010)。博览建筑中,被调研者大多处于慢步状态,新陈代谢率约为 2.6 met(American Society of Heating and and Air-Conditioning Engineers,2010)。

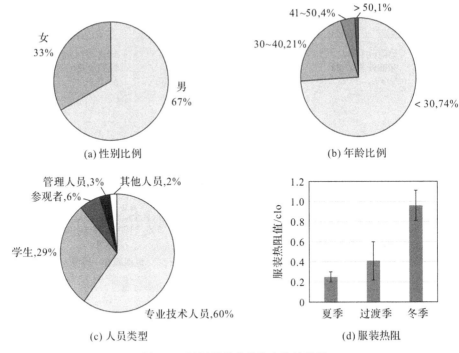

图 3.2　被调研者背景信息统计结果

3.2　室内环境参数与分项满意度的关联模型

使用者满意度主要分为分项满意度和总体满意度两类。研究首先采用回归分析方法,建立室内环境参数和分项满意度的关联模型,其中包括了空气温度与温度满意度、相对湿度与湿度满意度、CO_2 及 $PM_{2.5}$ 浓度与空气品质满意度、照度与光环境满意度、噪声级与声环境满意度(见图 3.3)。考虑到使用者满意度投票结果容易受心理和生理状态等偶发性因素的影响,难以准确量化,且在室内环境的调控中难以实现 100% 的满意度水平(American Society of Heating and and Air-Conditioning Engineers,2010)。为建立分项使用者满意度与相应室内环境参数之间的关系,在分析前做以下 3 点处理:

(1)根据测试仪器的误差以及环境参数调控的可操作性,将不同室内环境参数在一定范围内进行等分处理;

(2)假设使用者对小范围变化的室内环境参数感受基本一致;

(3)已有研究表明不同室内环境参数对使用者满意度的交叉影响较小

(Tang et al.，2020a)。未特别说明的情况下，本研究不考虑不同环境参数相互间的交叉影响。

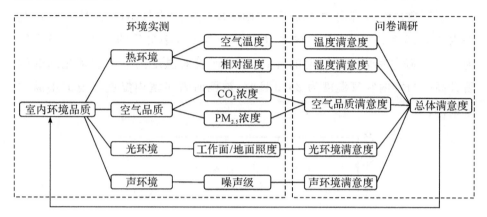

图 3.3 室内环境参数、分项满意度及总体满意度的关系

3.2.1 热环境

本次调研中，所有样本风速均低于 0.2m/s，因此本研究仅考虑空气温度和相对湿度对相应使用者满意度的影响。夏季、过渡季以及冬季服装热阻及空调设备运行情况存在明显差异，研究采用最小二乘法分别建立热环境参数与相应满意度之间的回归模型。由于博览建筑中使用者的活动量明显高于办公和学校两类建筑，且博览建筑中使用者停留时间短，相应的样本量也较少，因此在分析热环境参数时，仅考虑办公和学校两类建筑，剔除博览建筑的样本。本研究将"非常不满意"、"不满意"、"较不满意"的投票占比定义为"不满意率"。

3.2.1.1 夏季工况

1)温度不满意率与空气温度

以空气温度为横坐标，以被调研者对温度的不满意率为纵坐标，作图结果如图 3.4 所示。图中的每个圆圈代表温度每隔 1℃ 范围内，被调研者的温度不满意率结果。其中圆圈的大小代表相应温度范围内的样本量。根据数据点基于最小二乘法建立二次回归模型，最终得到空气温度和温度不满意率的关联模型如下：

$$P_{\text{temp}} = 0.01249t^2 - 0.6326t + 8.1253,$$
$$21℃ \leqslant t \leqslant 30℃, R^2 = 0.9782 \tag{3.1}$$

式中，P_{temp}代表被调研者的温度不满意率；

t代表空气温度，单位为℃。

夏季室内空调开启的情况下，被调研建筑室内空气温度在 21～30℃ 范围内波动，温度小于 24℃ 的样本量较小。不满意率最低约为 10%，最高约为 32%。随着室内空气温度的升高，被调研者对温度的不满意率先降低然后升高。当室内空气温度为 25.3℃ 时，被调研者对室内温度环境的不满意率最低。

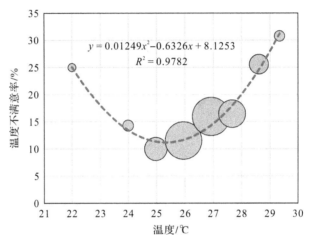

图 3.4　夏季温度不满意率与空气温度的关系

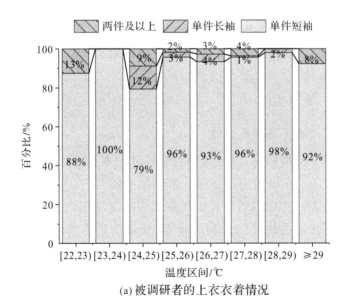

(a) 被调研者的上衣衣着情况

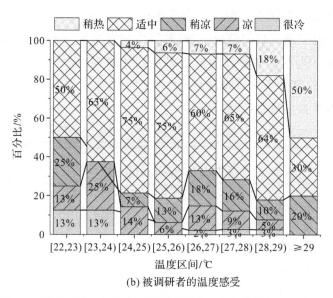

(b) 被调研者的温度感受

图 3.5　夏季不同空气温度下被调研者的上衣衣着情况和温度感受

图 3.5 对比了夏季工况不同空气温度下被调研者的上衣衣着和温度感受分布情况。夏季工况下被调研者的上衣衣着变化较为稳定,79% 的被调研者的上衣衣着为单件短袖,在衣着接近的情况下,空气温度变化直接影响使用者的温度感受和满意度。室内温度偏高或者偏低都极易引起温度不满意率的攀升。与图 3.4 结合来看,24~25℃ 和 25~26℃ 的温度区间内,被调研者感觉"适中"的比例为 75%,相应的温度不满意率较低。当空气温度从 24℃ 升至 29℃ 以上时,感觉"稍热"的被调研者比例由 4% 逐渐提高至 50%。与此同时,感觉"适中"的被调研者比例由 75% 逐渐缩小至 30%。当空气温度低于 24℃ 时,热感觉偏凉的比例提高至 38% 以上。

2)湿度不满意率与相对湿度

以相对湿度为横坐标,以被调研者对湿度的不满意率为纵坐标,作图结果如图 3.6 所示。图中的每个圆圈代表相对湿度每 5% 范围内,被调研者的湿度不满意率。其中圆圈的大小代表相应相对湿度范围内的样本量。根据数据点基于最小二乘法建立二次回归模型,最终得到相对湿度和湿度不满意率的关系如下:

$$P_{\text{RH}} = 7.321 \times 10^{-4} \varphi^2 - 0.1014\varphi + 3.6098,$$
$$45\% \leqslant \varphi \leqslant 85\%, R^2 = 0.7392 \tag{3.2}$$

式中,P_{RH} 代表被调研者的湿度不满意率;φ 代表相对湿度,单位为%。

夏季室内空调开启的情况下,随着室内相对湿度不断升高,被调研者对室内湿度环境的不满意率先降低再升高。相对湿度处于 65%～75% 之间时,使用者对湿度的不满意率最低(<10%);相对湿度大于 80% 时,使用者对湿度的不满意率最高(>20%)。

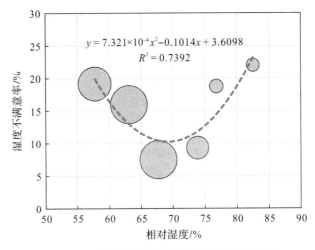

图 3.6 夏季湿度不满意率与相对湿度的关系

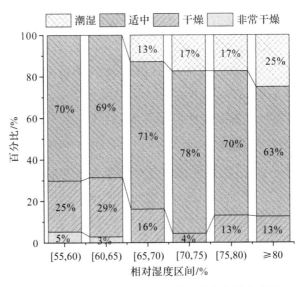

图 3.7 夏季不同相对湿度下被调研者的湿度感受

图 3.7 对比了夏季工况不同相对湿度下被调研者的湿度感受分布情况。夏季工况下室内整体相对湿度水平较高。随着相对湿度的不断提高，感觉"干燥"和"非常干燥"的比例总体上从 30％ 下降至 13％。感觉"适中"的比例在 63％～78％ 之间波动。当相对湿度处于 65％～70％ 和 70％～75％ 时，感觉"适中"的比例最高，分别为 71％ 和 78％。相对湿度大于 65％时，随着相对湿度的提高，感觉"潮湿"的比例也由 13％ 逐渐提高至 25％。

3.2.1.2　过渡季工况

1）温度不满意率与空气温度

以空气温度为横坐标，以被调研者对温度的不满意率为纵坐标，作图结果如图 3.8 所示。根据数据点，基于最小二乘法建立二次项回归模型，最终得到过渡季空气温度和温度不满意率的关系如下：

$$P_{\text{temp}} = 0.00687t^2 - 0.305t + 3.3834,$$
$$18^\circ\text{C} \leqslant t \leqslant 30^\circ\text{C}, R^2 = 0.6429 \tag{3.3}$$

过渡季下，空调设备处于关闭状态，被调研样本的室内空气温度在 18～30℃ 范围内大幅度波动，但温度不满意率波动较小。随着室内空气温度的升高，被调研者对温度的不满意率多数情况处于较低水平（小于 20％）。当室内空气温度超过 29℃ 时，被调研者对室内温度环境的不满意率快速提高，达到了 55％。

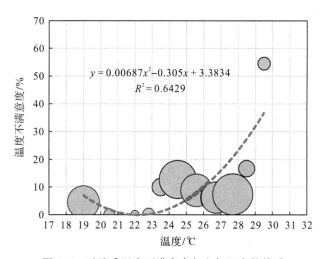

图 3.8　过渡季温度不满意率与空气温度的关系

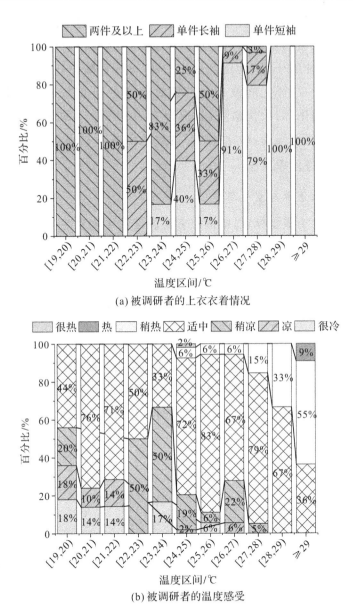

(a) 被调研者的上衣衣着情况

(b) 被调研者的温度感受

图 3.9　过渡季不同空气温度下被调研者的上衣衣着情况和温度感受

　　图 3.9 显示了过渡季工况不同空气温度下被调研者的上衣衣着和温度感受分布情况。过渡季由于未开启空调等主动式设备，被调研者的衣着波动极大，被调研者通过调整着装来适应不同的热环境，整体的温度满意度明显高于夏季工况。高满意度的温度区间相对夏季明显扩大。当空气温度处于 19～28℃时，随着温度的下降，被调研者衣着逐渐增加，温度不满意率仍

处于较低水平。当温度高于 28℃ 后,被调研者难以继续通过改变衣着来适应环境,因此随着温度的继续升高,不满意率快速攀升。

2)湿度不满意率与相对湿度

以相对湿度为横坐标,以被调研者对湿度的不满意率为纵坐标,作图结果如图 3.10 所示。根据数据点,基于最小二乘法建立二次回归模型,最终得到过渡季相对湿度和湿度不满意率的关系如下:

$$P_{\mathrm{RH}}=5.7904\times10^{-4}\varphi^2-0.08347\varphi+3.1291,$$
$$35\%\leqslant\varphi\leqslant85\%,R^2=0.794 \tag{3.4}$$

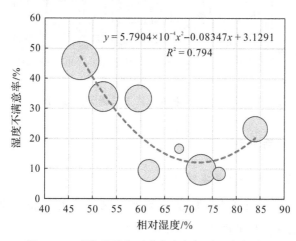

图 3.10　过渡季湿度不满意率与相对湿度的关系

过渡季空调设备关闭的情况下,湿度不满意率波动幅度明显高于夏季。从散点的分布情况来看,当相对湿度介于 60%～80% 时,使用者的湿度不满意率维持较低水平(<20%)。当相对湿度小于 60% 时,湿度的不满意率明显上升(>20%)。当相对湿度大于 80% 时,使用者的湿度不满意率也超过了 20%。因此从中可以看出浙江地区办公和学校建筑中的使用者在过渡季偏好处于 60%～80% 之间的高湿度环境。

图 3.11 显示了过渡季不同相对湿度下被调研者湿度感受的分布情况。相对湿度在 45%～80% 时,感觉"适中"占据主导地位。当相对湿度低于 50% 时,感觉"干燥"的比例小幅度增加,但湿度不满意率也攀升至 45%。当相对湿度高于 80% 时,感觉"潮湿"和"非常潮湿"的比例大幅增加,湿度不满意率小幅度增加至 23%。湿度满意度和湿度感受对比来看,过渡季工况下浙江地区的被调研者对"干燥"环境的容忍度明显低于"潮湿"环境。

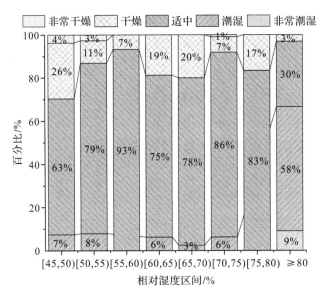

图 3.11　过渡季不同相对湿度下被调研者的湿度感受

3.2.1.3　冬季工况

1)温度不满意率与空气温度

与夏季和过渡季工况同理,建立冬季工况下温度不满意率与空气温度之间的二次回归模型(见图 3.12)如下:

$$P_{temp} = 0.00997t^2 - 0.4464t + 5.0837,$$
$$15\text{℃} \leqslant t \leqslant 27\text{℃}, R^2 = 0.7071 \tag{3.5}$$

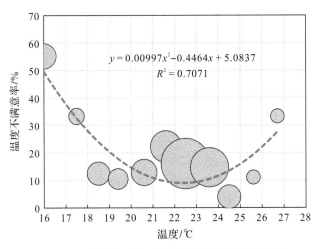

图 3.12　冬季下温度不满意率与空气温度的关系

冬季室内供暖的情况下,所调研样本的室内温度处于 16～27℃ 之间,整体满意度水平低于过渡季。当室内空气温度自 16℃ 开始升高,被调研者对温度的不满意率先降低然后升高。当室内空气温度处于 18～26℃ 时,被调研者对室内温度环境的不满意率变化较小,处于 0%～25% 之间。当空气温度小于 18℃ 或者大于 26℃ 时,温度不满意率快速升高,均超过了 30%。

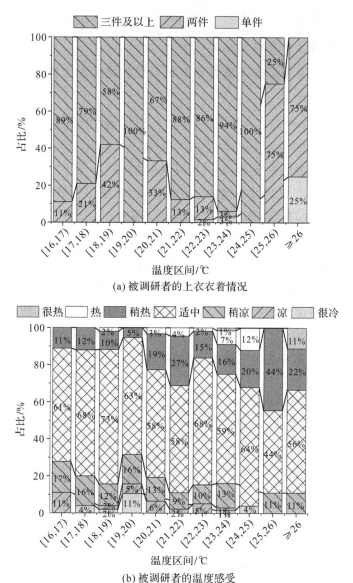

(a) 被调研者的上衣衣着情况

(b) 被调研者的温度感受

图 3.13　冬季不同空气温度下被调研者的上衣衣着情况和温度感受

图 3.13 对比了冬季不同空气温度下被调研者的上衣衣着和温度感受的分布情况。结果表明冬季工况下被调研者会通过调节衣着来适应不同的热环境。由于衣着差异较大,温度满意度和温度感受存在小范围的分歧。当空气温度低于 25℃时,被调研者上衣衣着以"三件及以上"为主。当空气温度高于 25℃,被调研者多选择脱掉外套保持两件着装,相应的感觉偏热的比例也超过了 33%。

2)湿度不满意率与相对湿度

建立冬季工况下湿度不满意率与相对湿度之间的二次回归模型(见图 3.14),结果如下:

$$P_{RH} = -1.233 \times 10^{-4} \varphi^2 + 0.00665\varphi + 0.2416,$$
$$30\% \leqslant \varphi \leqslant 80\%, R^2 = 0.9388 \tag{3.6}$$

冬季室内供暖的情况下,室内相对湿度在 30%～80% 之间波动,且主要集中在 35%～55% 低湿度范围内。总体来看,冬季相对湿度越高,被调研者的湿度不满意率越低,湿度不满意率最低值接近 5%。

图 3.15 显示了冬季不同相对湿度下被调研者的湿度感受分布情况。总体上,随着相对湿度由 30% 增加到 75%,被调研者感觉"干燥"和"非常干燥"的比例由 50% 大幅度下降至 13%,被调研者感觉"潮湿"和"非常潮湿"的比例由 0 小幅度上涨至 15%。当相对湿度超过 60%,超过 72% 的被调研者对湿度感觉"适中"。对比来看,冬季空调制热条件下,夏热冬冷地区的被调研者对"干燥"环境的容忍度低于"潮湿"环境。

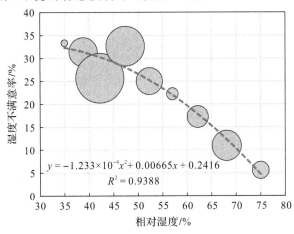

图 3.14 冬季湿度不满意率与相对湿度的关系

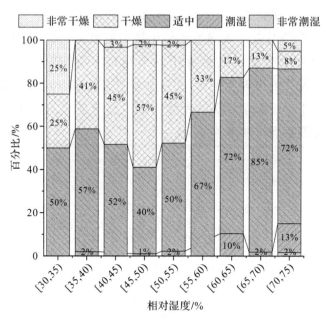

图 3.15　冬季不同相对湿度下被调研者的湿度感受

3.2.2　室内空气品质

选择 CO_2 浓度和 $PM_{2.5}$ 浓度两种室内环境参数分别建立其与空气品质满意度之间的关系。所选取的点对点数据包括了办公、学校以及博览三类建筑的所有样本,覆盖了夏季、过渡季以及冬季三个典型季节。

3.2.2.1　CO_2 浓度与空气品质不满意率

以 CO_2 浓度为横坐标,以空气品质不满意率为纵坐标,绘图结果如图 3.16 所示。图中每个圆圈代表每隔 100ppm CO_2 浓度范围内,被调研者对空气品质的不满意率数值。其中圆圈的大小代表相应 CO_2 浓度范围内的样本量。基于图中的数据点,建立 CO_2 浓度与空气品质不满意率之间的二次回归模型如下:

$$P_{air} = -1.483 \times 10^{-7} C_{CO_2}^{2} + 4.333 \times 10^{-4} C_{CO_2} + 0.0117,$$
$$300ppm \leqslant C_{CO_2} \leqslant 1700ppm, R^2 = 0.6892 \tag{3.7}$$

式中,P_{air} 代表被调研者的空气品质不满意率;C_{CO_2} 代表 CO_2 浓度,单位为 ppm。

由图 3.16 可知,CO_2 浓度越高,相应的空气品质不满意率越高。当 CO_2

浓度由 400ppm 升高到 700ppm 时,空气品质不满意率快速升高。CO_2 浓度超过 700ppm 后,空气品质不满意率变化趋于平缓。图 3.17 对比了典型季节下 CO_2 浓度和空气品质满意度平均值结果。结果表明 CO_2 浓度高于 1000ppm 的情况主要出现在冬季,相应的空气品质满意度平均值则明显低于夏季和过渡季。过渡季 CO_2 浓度整体水平低于夏季,但是相应的空气品质满意度平均值略低于夏季。

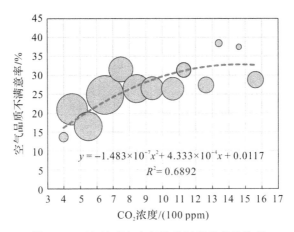

图 3.16 CO_2 浓度与空气品质不满意率的关系

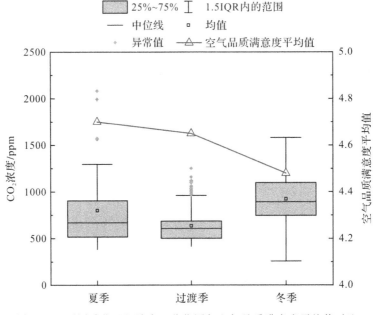

图 3.17 不同季节 CO_2 浓度四分位图与空气品质满意度平均值对比

3.2.2.2　PM$_{2.5}$浓度与空气品质不满意率

以 PM$_{2.5}$浓度为横坐标,以空气品质不满意率为纵坐标,绘图结果如图 3.18 所示。图中每个圆圈代表每隔 $10\mu g/m^3$ 的 PM$_{2.5}$ 浓度范围内,被调研者对空气品质的不满意率数值。其中圆圈的大小代表相应 PM$_{2.5}$ 浓度范围内的样本量。基于图中的数据点,建立 PM$_{2.5}$ 浓度与空气品质不满意率之间的二次回归模型如下:

$$P_{air}=6.221\times10^{-5}C_{PM2.5}{}^2-0.00102C_{PM2.5}+0.093,$$
$$10\mu g/m^3 \leqslant C_{PM2.5} \leqslant 110\mu g/m^3, R^2=0.8939 \tag{3.8}$$

式中,P_{air} 代表被调研者的空气品质不满意率;

$C_{PM2.5}$ 代表 PM$_{2.5}$ 浓度,单位为 $\mu g/m^3$。

调研样本中 PM$_{2.5}$ 浓度主要集中在小于 $60\mu g/m^3$ 的低浓度范围内。随着 PM$_{2.5}$ 浓度的升高,相应空气品质不满意率不断升高。PM$_{2.5}$ 浓度越高,空气品质不满意率升高的速率越快。为确保 80% 以上的使用者对室内空气品质感到满意,应将 PM$_{2.5}$ 浓度控制在 $50\mu g/m^3$ 以下。

图 3.19 对比了不同典型季节 PM$_{2.5}$ 浓度和相应的空气品质满意度平均值结果。结果表明所有点对点样本中室内 PM$_{2.5}$ 浓度排序如下:冬季>过渡季>夏季。相应的空气品质满意度平均值排序:夏季>过渡季>冬季。过渡季的 PM$_{2.5}$ 浓度明显高于夏季,但是空气品质满意度平均值并没有出现明显下降。结合不同季节的建筑实际使用情况,过渡季自然通风时将外部的 PM$_{2.5}$ 污染物带入室内,但同时也降低了 CO$_2$ 浓度,缓解了空气品质满意度的下降程度。因此可以发现 CO$_2$ 浓度和 PM$_{2.5}$ 浓度存在协同效应,两者共同影响并决定了空气品质满意度。

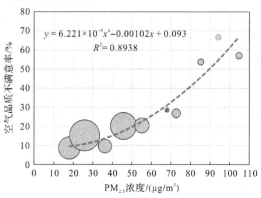

图 3.18　PM$_{2.5}$浓度与空气品质不满意率的关系

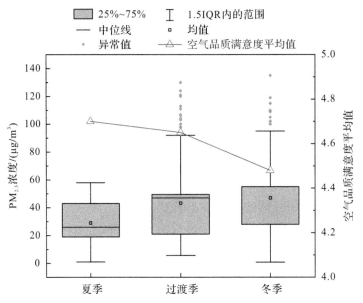

图 3.19 不同季节 $PM_{2.5}$ 浓度四分位图与空气品质满意度平均值对比

3.2.3 光环境

参考《建筑照明设计标准 GB 50034－2013》中的规定,博览建筑的照度要求与办公和学校有较大差距。博览建筑照度样本数据为地面照度;办公、学校建筑照度样本数据为桌面照度,在测试过程中调研人员不对现场采光和照明情况进行调整,均以现场实际为准。统计分析可知三类建筑中采集得到的照度数据以人工照明环境为主。由于博览建筑使用者与办公、学校建筑使用者的活动状态存在明显差异,相应的照明需求不同,因而在分析光环境参与满意度之间的关系时,将办公、学校和博览建筑数据拆分讨论。

以桌面/地面照度为横坐标,以光环境不满意率为纵坐标,绘图结果如图 3.20 所示。图中每个圆圈代表每隔 50lx 的照度范围内,被调研者对光环境的不满意率数值。其中圆圈的大小代表相应照度范围内的样本量。基于图中的数据点,建立照度和光环境不满意率的关联模型如下:

办公、学校建筑:

$$P_{\text{light}} = -9.493 \times 10^{-9} I^3 + 9.612 \times 10^{-6} I - 0.00333I + 0.5528,$$
$$0 \leqslant I \leqslant 600\text{lx}, R^2 = 0.8958 \tag{3.9}$$

博览建筑：

$$P_{\text{light}} = 1.548 \times 10^{-6} I^2 - 0.00128I + 0.2471,$$

$$0 \leqslant I \leqslant 600\text{lx}, R^2 = 0.7548 \tag{3.10}$$

式中，P_{light} 代表被调研者的光环境不满意率；

I 代表桌面/地面照度，单位为 lx。

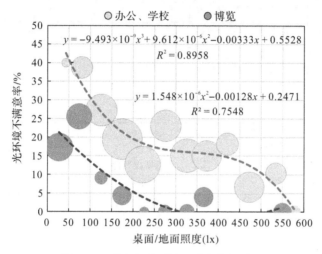

图 3.20　照度与光环境不满意率的关系

　　办公、学校和博览建筑的样本中照度在 0～600lx 之间大幅波动。随着照度的升高，相应光环境不满意率总体均呈现不断降低的趋势。办公、学校建筑中桌面照度处在 200～450lx 范围内时，使用者的不满意率在 10%～25% 之间小范围波动。当照度达到 550lx 以上，使用者不满意率接近 0。博览建筑的地面照度超过 200lx 时，整体的不满意率接近 0。

　　Choi et al.（2012）在美国联邦办公建筑中开展的一项研究指出，纸面办公对照度的要求比电脑办公更高，结果如图 3.21 所示。美国联邦办公建筑中纸面办公的使用者其满意度投票值高的平均照度总体高于投票值低的平均照度。而电脑办公的结果则与之相反，使用者满意度投票值高的平均照度总体低于投票值低的平均照度。

　　为了进一步验证电脑工作和纸面办公的照度需求差异，本研究采用相同的统计方法计算了办公和学校两类环境下不同使用者满意度投票值对应的平均照度。本研究中办公环境的使用者均以电脑办公为主，学校样本均为学生在实际教室中完成，因此将其归为纸面办公，两者对比结果如图 3.22 所示。

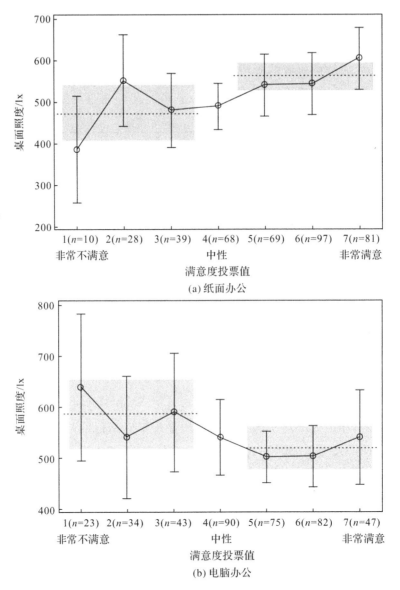

(a) 纸面办公

(b) 电脑办公

图 3.21　美国办公建筑中纸面办公和电脑办公不同满意度下
桌面照度水平对比(Choi et al.,2012)

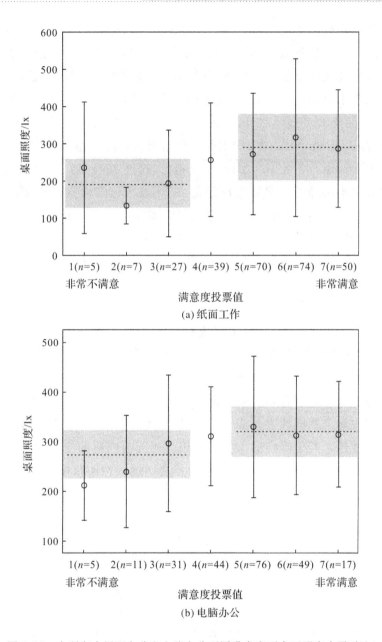

图 3.22 本研究中纸面办公和电脑办公不同满意度下桌面照度水平对比
（线段代表标准差）

在本研究中各案例建筑桌面照度处于较低水平,照度平均值在 200～300lx 之间,明显低于美国办公建筑内的桌面照度水平（500～600lx）（Choi et al.,2012）。在较低的照度水平下（200～300lx）,不论是纸面工作还是电脑办公其光环境满意度都随着桌面照度的提高而提高,该结论与 Choi et al.(2012)的美国办公建筑中高照度水平下调研得出的规律不一致。主要是由于美国办公建筑中电脑办公环境下的周围环境照度水平较高(超过 300lx),更加容易带来电脑屏幕反光、眩光等问题。与其他研究对比来看,不同研究之间仍存在较大分歧。如 Huang et al.(2012)的研究表明,最佳照度在1300lx 左右。Cao et al.(2012)的研究则指出最佳照度在 1000~1200lx。另一项日本 Mochizuki et al.(2012)研究指出,超过 400lx 后,使用者光环境不满意率几乎不再降低。需要指出的是,浙江地区建筑内室内环境的高照度(500lx 以上)主要由室外太阳光直射引起,实际运行环境下高照度工况较少出现,该场景并不典型。而上述三个研究中的高照度完全由人工照明控制实现。人工照明光线更加均匀,而太阳直射更容易引起眩光等问题。

3.2.4 声环境

参考 GB50118—2010《民用建筑隔声设计规范》的要求,博览建筑和办公、学校的噪声级允许值存在较大差距,且博览建筑中使用者仅为短时停留。因此本研究将博览和办公、学校的样本进行拆分分析。

以噪声级为横坐标,以声环境不满意率为纵坐标,绘图结果如图 3.23所示。图中每个圆圈代表每隔 5dB 的噪声级范围内,被调研者对声环境的不满意率数值。其中圆圈的大小代表相应照度范围内的样本量。基于图中的数据点,建立噪声级与声环境不满意率之间的线性回归模型如下:

办公、学校建筑:

$$P_{noise} = 0.0203e^{0.0405L_A},$$
$$35dB \leq L_A \leq 65dB, R^2 = 0.8764 \tag{3.11}$$

博览建筑:

$$P_{noise} = 2.180 \times 10^{-4}L_A{}^2 - 0.01734L_A + 0.3317,$$
$$40dB \leq L_A \leq 75dB, R^2 = 0.7812 \tag{3.12}$$

式中,P_{noise} 代表被调研者的声环境不满意率;L_A 代表等效 A 声级,单位为 dB。

图 3.24 对比了学校、办公以及博览建筑中不同噪声级下被调研者的声环境感受分布情况。结果表明办公、学校建筑调研样本的噪声级处在 35~65dB 之间。随着噪声级的升高,感觉"轻微声响"和"强声响"的比例逐渐下降,相应声环境不满意率不断升高。当噪声级低于 40dB 时,感觉"强声响"的比例仅为 20%,声环境不满意率小于 10%。当噪声级介于 40~55dB 时,

声环境不满意率在 10％～20％之间。当噪声级超过 55dB 时,声环境不满意率超过了 20％。

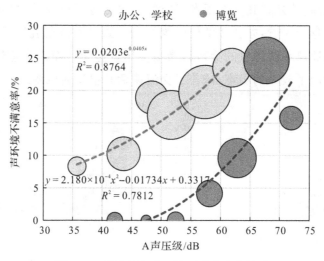

图 3.23　噪声级与声环境不满意率的关系

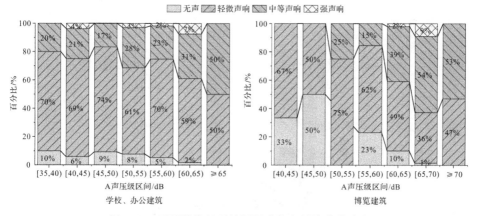

图 3.24　不同噪声级下被调研者的声环境感受对比

博览建筑调研样本的噪声级处于 40～75dB 范围内,整体噪声级水平高于办公、学校建筑。当噪声级低于 55dB 时,感觉"中等声响"和"强声响"的比例低于 25％,声环境不满意率均为 0。随着噪声级继续升高,感觉"中等声响"的比例逐渐升高,相应声环境不满意率不断升高。

图 3.25 对比了不同类型建筑中被调研者感知的噪声来源情况。结果表明办公建筑主要噪声来自"同事(谈话、打电话等)"、"室内设备(打印机、

键盘等)"以及"建筑系统(空调、通风等)";学校建筑主要噪声来自"同学(交流谈话等)"、"隔壁教室"、"走廊"以及"空调";博览建筑主要噪声来自"室内展厅设备(音响等)"、"其他参观者(谈话、打电话等)"以及"建筑系统(空调、通风等)"。总结来看,办公和学校建筑的噪声源以人员交流谈话为主,室内设备和空调通风系统产生的噪声容易被使用者感知。而博览建筑中室内展厅设备持续产生较大的噪声,掩盖了交流谈话和空调通风系统产生的噪声。

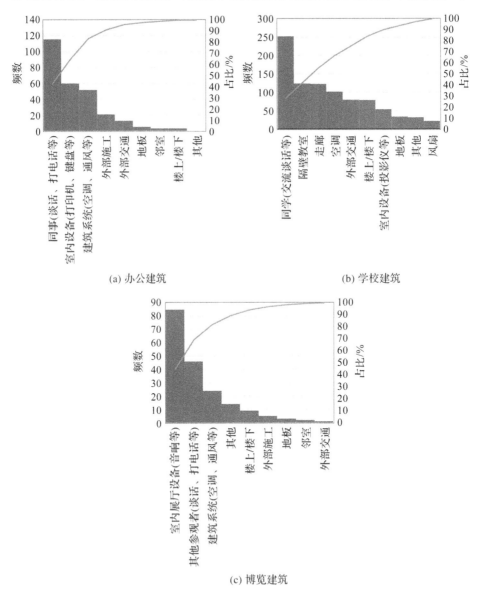

(a) 办公建筑   (b) 学校建筑

(c) 博览建筑

图 3.25　不同类型建筑中被调研者感知的噪声来源对比(折线代表累积频率)

在相同噪声级水平下,办公、学校建筑中的声环境不满意率明显高于博览建筑。说明与博览建筑中的使用者相比,办公、学校建筑中使用者由于工作和教学、学习的需要,对噪声更加敏感,因而对噪声的控制要求应更严格。

3.2.5　分项满意度变化特点

根据上文中使用者不满意率随室内环境参数的变化情况,将不同室内环境参数与相应使用者满意度之间的关系分为波动和单调变化两类,具体如表 3.3 和图 3.26 所示。在公共建筑实际运行环境下,随着空气温度、夏季相对湿度及过渡季相对湿度的升高,相应使用者不满意率波动变化;随着 CO_2 浓度、$PM_{2.5}$ 浓度以及噪声级的升高,相应的使用者不满意率单调升高;随着照度以及冬季相对湿度的升高,相应的使用者不满意率单调下降。

在建筑正常运行时,空气温度、夏季相对湿度、过渡季相对湿度应控制在合理区间内,以提高相应的使用者满意度。针对空气品质和声环境,通过降低 CO_2、$PM_{2.5}$ 浓度以及噪声级可以有效提高相应的使用者满意度。针对光环境和冬季湿度,应通过提高桌面照度和冬季相对湿度来提升相应的使用者满意度。此外,不同类型的建筑中由于使用者活动或工作状态区别较大,对照度和噪声级的要求也存在明显差异,因此办公、学校及博览建筑中,需要针对不同活动类型的需求,对照度和噪声级进行精细化分类管理。具体来看,办公建筑中电脑办公空间应避免过高的照度,博览建筑的允许噪声级高于办公和学校建筑。

表 3.3　室内环境参数和使用者满意度的关联模型总结

序号	不满意率变化特点		室内环境参数	拟合模型
①	波动变化		空气温度、夏季相对湿度、过渡季相对湿度	多项式回归(Huang et al.,2012 , Mui and Chan,2011)、Logistic 回归(Wong et al.,2018)
②	单调变化	递增	CO_2 浓度 $PM_{2.5}$ 浓度	线性回归(Mui and Chan,2011)、Logistic 回归(Wong et al., 2008a)、幂函数(Ncube and Riffat,2012)、多项式回归
			办公、学校噪声级;博览噪声级	线性回归(Huang et al.,2012 , Mui and Chan,2011)、Logistic 回归(Wong et al.,2008a)、非线性回归(Clausen et al.,1993)、多项式回归
		递减	办公、学校桌面照度;博览地面照度	Logistic 回归、多项式回归(Ncube and Riffat,2012 , Huang et al.,2012)
			冬季相对湿度	多项式回归

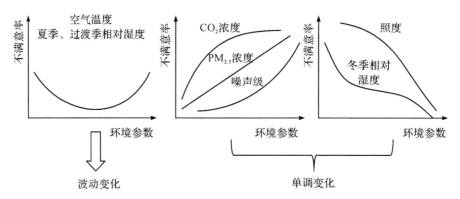

图 3.26　室内环境参数与使用者不满意率的关联关系总结示意图

3.3　分项满意度和总体满意度的关联模型

本研究选择采用多元线性回归模型来描述分项满意度和总体满意度之间的关系,该模型公式(张文彤和董伟,2004)为:

$$y_i = \tilde{y}_i + e_i = b_0 + b_1 x_1 + \cdots + b_n x_n + e_i \tag{3.13}$$

式中,y_i 为实测值;

$\tilde{y}_i$ 为预测值,即各自变量确定时,因变量 y 的预测值,其表示能由自变量决定的部分;

$x_1, x_2, \cdots, x_n$ 为自变量;

e_i 为残差,是应变量的实测值 y_i 与其预测值 $\tilde{y}_i$ 之间的差值,表示不由自变量决定的部分;

b_0 为常数项,表示当所有自变量取值为 0 时,因变量的估计值;

b_i 为偏回归系数,表示当其他自变量取值不变时,自变量 x_i 改变一个单位时,$\tilde{y}_i$ 的变化量。

采用最小二乘法(Least Square)计算得到因变量预测值与实测值之差的平方和的累加值最小的回归模型,即以下指标取得最小值:

$$Q = \sum_{i=1}^{n} (y_i - \tilde{y}_i)^2 = \sum_{i=1}^{n} [y_i - (b_0 + b_1 x_1 + \cdots + b_n x_n)]^2 \tag{3.14}$$

办公建筑:在建立多元回归模型前,需要检验自变量与自变量之间是否存在多元共线性问题,研究采用 SPSS.20 中的 Pearson 相关分析模块,分析得到办公建筑中使用者各项满意度相关系数矩阵(见表 3.4)。

　　结果显示分项满意度之间的相关系数均小于 0.8,因此初步判断各自变量间不存在共线性问题。总体满意度与各分项满意度之间的相关系数在 0.7 左右(P<0.01),说明总体满意度与各分项满意度存在较强的相关关系。

　　进一步使用 SPSS20 中的多元回归分析模块,得到总体满意度与分项满意度之间的回归系数结果如表 3.4 所示。

表 3.4　办公建筑使用者各项满意度的相关系数矩阵

模型		温度满意度	湿度满意度	空气品质满意度	光环境满意度	声环境满意度	总体满意度
温度满意度	Pearson 相关性	1	0.715**	0.634**	0.499**	0.471**	0.715**
	显著性(双侧)		0.000	0.000	0.000	0.000	0.000
	N	949	949	949	934	949	949
湿度满意度	Pearson 相关性	0.715**	1	0.723**	0.549**	0.498**	0.715**
	显著性(双侧)	0.000		0.000	0.000	0.000	0.000
	N	949	949	949	934	949	949
空气品质满意度	Pearson 相关性	0.634**	0.723**	1	0.576**	0.571**	0.755**
	显著性(双侧)	0.000	0.000		0.000	0.000	0.000
	N	949	949	949	934	949	949
光环境满意度	Pearson 相关性	0.499**	0.549**	0.576**	1	0.582**	0.690**
	显著性(双侧)	0.000	0.000	0.000		0.000	0.000
	N	934	934	934	934	934	934
声环境满意度	Pearson 相关性	0.471**	0.498**	0.571**	0.582**	1	0.689**
	显著性(双侧)	0.000	0.000	0.000	0.000		0.000
	N	949	949	949	934	90.849	949
总体满意度	Pearson 相关性	0.715**	0.715**	0.755**	0.690**	0.689**	1
	显著性(双侧)	0.000	0.000	0.000	0.000	0.000	
	N	949	949	949	934	949	949

　　注:** 表示在 0.01 水平(双侧)上显著相关。

　　基于第 2 章中数据库的即时点对点数据,建立得到办公建筑中总体满意度与分项满意度之间的回归模型(见表 3.5)。共线性代表性指标方差膨胀因子（VIF）均小于 5,因此各自变量之间不存在多重共线性问题。得到的回归模型中所有自变量均通过显著性检验（$P<0.05$）,得到办公建筑中总体满意度与各项满意度之间的回归模型如下：

$$S_{overall}=0.416+0.243S_{temp}+0.115S_{RH}+0.204S_{air}+0.186S_{light}+0.204S_{noise}$$
$$R^2=0.769 \tag{3.15}$$

式中,$S_{overall}$ 代表总体满意度；S_{temp} 代表温度满意度；S_{RH} 代表湿度满意度；S_{air} 代表空气品质满意度；S_{light} 代表光环境满意度；S_{noise} 代表声环境满意度。

该回归模型的 R^2 为 0.769,说明该回归模型拟合效果较好。

表 3.5　办公建筑总体满意度与分项满意度之间的回归系数

模型	非标准化系数		标准系数	t	P	B 的 95% 置信区间		共线性统计量	
	B	标准误差				下限	上限	容差	VIF
常量	0.416	0.082		5.060	0.000	0.255	0.577		
温度满意度	0.243	0.022	0.254	10.836	0.000	0.199	0.287	0.451	2.216
湿度满意度	0.115	0.025	0.123	4.661	0.000	0.066	0.163	0.355	2.814
空气品质满意度	0.204	0.022	0.236	9.313	0.000	0.161	0.247	0.386	2.591
光环境满意度	0.186	0.018	0.215	10.099	0.000	0.150	0.222	0.549	1.821
声环境满意度	0.204	0.017	0.248	11.899	0.000	0.171	0.238	0.571	1.752

注:因变量为总体满意度。

学校建筑:研究采用 SPSS.20 中的 Pearson 相关分析模块,得到学校建筑中使用者各项满意度相关系数矩阵（见表 3.6）。结果显示分项满意度之间的相关系数均小于 0.8,因此初步判断各自变量间不存在共线性问题。总体满意度与各分项满意度之间的相关系数在 0.7 左右（$P<0.01$）,说明总体满意度与各分项满意度存在较强的相关关系。

基于学校建筑中的点对点样本,建立得到学校建筑中总体满意度与分项满意度之间的回归模型（见表 3.7）。共线性代表性指标方差膨胀因子（VIF）均小于 5,因此各自变量之间不存在多重共线性问题。得到的回归模型中所有自变量均通过显著性检验（$P<0.05$）,总体满意度与各项满意度之间的回归模型如下：

$$S_{overall}=0.907+0.186S_{temp}+0.164S_{RH}+0.09S_{air}+0.199S_{light}+0.240S_{noise}$$
$$R^2=0.785 \tag{3.16}$$

该回归模型的 R^2 为 0.785,说明该回归模型拟合效果较好。

表 3.6　学校建筑使用者各项满意度的相关系数矩阵

模型		温度满意度	湿度满意度	空气品质满意度	光环境满意度	声环境满意度	总体满意度
温度满意度	Pearson 相关性	1	0.701**	0.597**	0.606**	0.660**	0.759**
	显著性(双侧)		0.000	0.000	0.000	0.000	0.000
	N	452	452	452	452	452	452
湿度满意度	Pearson 相关性	0.701**	1	0.626**	0.663**	0.633**	0.751**
	显著性(双侧)	0.000		0.000	0.000	0.000	0.000
	N	452	452	452	452	452	452
空气品质满意度	Pearson 相关性	0.597**	0.626**	1	0.580**	0.596**	0.679**
	显著性(双侧)	0.000	0.000		0.000	0.000	0.000
	N	452	452	452	452	452	452
光环境满意度	Pearson 相关性	0.606**	0.663**	0.580**	1	0.643**	0.742**
	显著性(双侧)	0.000	0.000	0.000		0.000	0.000
	N	452	452	452	452	452	452
声环境满意度	Pearson 相关性	0.660**	0.633**	0.596**	0.643**	1	0.774**
	显著性(双侧)	0.000	0.000	0.000	0.000		0.000
	N	452	452	452	452	452	452
总体满意度	Pearson 相关性	0.759**	0.751**	0.679**	0.742**	0.774**	1
	显著性(双侧)	0.000	0.000	0.000	0.000	0.000	
	N	452	452	452	452	452	452

注:**表示在 0.01 水平(双侧)上显著相关。

表 3.7 学校建筑总体满意度与分项满意度之间的回归系数

模型	非标准化系数		标准系数	t	P	B 的 95% 置信区间		共线性统计量	
	B	标准误差				下限	上限	容差	VIF
常量	0.907	0.117		7.772	0.000	0.678	1.136		
温度满意度	0.186	0.027	0.233	6.814	0.000	0.132	0.240	0.413	2.423
湿度满意度	0.164	0.033	0.178	5.032	0.000	0.100	0.228	0.385	2.598
空气品质满意度	0.090	0.022	0.127	4.137	0.000	0.047	0.133	0.511	1.956
光环境满意度	0.199	0.029	0.225	6.936	0.000	0.143	0.256	0.457	2.189
声环境满意度	0.240	0.028	0.287	8.675	0.000	0.186	0.295	0.439	2.277

注:因变量为总体满意度。

博览建筑:研究采用 SPSS20 中的 Pearson 相关分析模块,得到博览建筑中使用者各项满意度相关系数矩阵(见表 3.8)。总体满意度与各分项满意度之间的相关系数在 0.8 左右($P<0.01$),说明总体满意度与各分项满意度存在较强的相关关系。

表 3.8 博览建筑使用者各项满意度的相关系数矩阵

模型		温度满意度	湿度满意度	空气品质满意度	光环境满意度	声环境满意度	总体满意度
温度满意度	Pearson 相关性	1	0.889**	0.854**	0.778**	0.660**	0.827**
	显著性(双侧)		0.000	0.000	0.000	0.000	0.000
	N	199	199	199	199	199	199
湿度满意度	Pearson 相关性	0.889**	1	0.862**	0.786**	0.764**	0.835**
	显著性(双侧)	0.000		0.000	0.000	0.000	0.000
	N	199	199	199	199	199	199
空气品质满意度	Pearson 相关性	0.854**	0.862**	1	0.799**	0.761**	0.828**
	显著性(双侧)	0.000	0.000		0.000	0.000	0.000
	N	199	199	199	199	199	199

模型		温度满意度	湿度满意度	空气品质满意度	光环境满意度	声环境满意度	总体满意度
光环境满意度	Pearson 相关性	0.778**	0.786**	0.799**	1	0.760**	0.810**
	显著性（双侧）	0.000	0.000	0.000		0.000	0.000
	N	199	199	199	199	199	199
声环境满意度	Pearson 相关性	0.660**	0.764**	0.761**	0.760**	1	0.792**
	显著性（双侧）	0.000	0.000	0.000	0.000		0.000
	N	199	199	199	199	199	199
总体满意度	Pearson 相关性	0.827**	0.835**	0.828**	0.810**	0.792**	1
	显著性（双侧）	0.000	0.000	0.000	0.000	0.000	
	N	199	199	199	199	199	199

注：** 表示在 0.01 水平（双侧）上显著相关。

　　基于博览建筑中的点对点样本，建立得到博览建筑中总体满意度与分项满意度之间的回归模型（见表 3.9）。共线性代表性指标方差膨胀因子（VIF）均小于 5，因此各自变量之间不存在多重共线性问题。但初步得到的回归模型中湿度满意度和空气品质满意度未通过显著性检验（$P<0.05$），剔除湿度满意度和空气品质满意度后，重新建立博览建筑总体满意度与各项满意度之间的回归模型如下：

$$S_{overall}=0.907+0.395S_{temp}+0.186S_{light}+0.298S_{noise}$$

$$R^2=0.803 \tag{3.17}$$

该回归模型的 R^2 为 0.803，说明该回归模型拟合效果较好。

表 3.9　博览建筑总体满意度与分项满意度之间的回归系数

模型	非标准化系数		标准系数	t	P	B 的 95% 置信区间		共线性统计量	
	B	标准误差				下限	上限	容差	VIF
常量	0.907	0.170		5.317	0.000	0.570	1.243		
温度满意度	0.395	0.046	0.439	8.553	0.000	0.304	0.487	0.383	2.608
光环境满意度	0.186	0.054	0.205	3.451	0.001	0.080	0.292	0.287	3.483
声环境满意度	0.298	0.043	0.347	7.009	0.000	0.214	0.382	0.411	2.434

注：因变量为总体满意度。

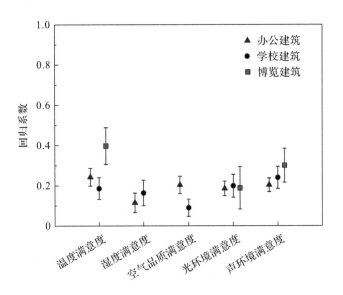

图 3.27　办公、学校及博览建筑总体满意度与分项满意度回归模型的回归系数对比
（误差线代表 95% 置信区间）

图 3.27 对比了办公、学校及博览建筑总体满意度与分项满意度回归模型的回归系数。回归系数体现了分项满意度对总体满意度的影响程度。结果表明不同类型建筑中各分项满意度对总体满意度的影响程度各异。办公建筑中温度满意度对总体满意度的影响最大，空气品质满意度、光环境满意度和声环境满意度对总体满意度的影响较为接近；学校建筑中声环境满意度对总体满意度的影响最大，温度满意度、湿度满意度和光环境满意度对总体满意度的影响较为接近，空气品质满意度对总体满意度的影响最小；博览建筑中温度满意度对总体满意度的影响最大，其次是声环境满意度和光环境满意度，而湿度满意度和空气品质满意度对总体满意度的影响较小，在统计学上没有显著性意义。因此对不同类型建筑中室内环境品质开展评价时，评价的侧重点应进行调整。

3.4　本章小结

针对室内环境品质主客观综合评价中存在的主观满意度和客观环境参数关系不明晰问题，研究采用即时点对点现场测试方法，在办公、学校及博览建筑中，获取了 1758 组主观满意度与客观物理环境参数一一对应的数据。

　　根据使用者不满意率,采用多元回归分析方法分别建立了基于空气温度、相对湿度、CO_2浓度、$PM_{2.5}$浓度、照度以及噪声级和相应分项满意度的关联模型,总结得到波动及单调两类变化关系。结果表明,在建筑合理运行过程中,随着空气温度、夏季相对湿度及过渡季相对湿度的升高,相应的使用者不满意率呈现波动变化;随着CO_2浓度、$PM_{2.5}$浓度以及噪声级的升高,相应的使用者不满意率单调升高;随着照度以及冬季相对湿度的升高,相应的使用者不满意率单调下降。

　　夏季制冷工况下使用者衣着接近,空气温度直接影响使用者的温度感受和温度满意度。过渡季被调研者的衣着波动极大,被调研者通过调整着装来适应不断变化的热环境,高满意度的温度区间相对夏季明显扩大。过渡季和冬季工况下浙江地区使用者对"干燥"环境的容忍度明显低于"潮湿"环境;CO_2浓度和$PM_{2.5}$浓度存在协同效应,两者共同影响并决定了空气品质满意度;不论是纸面工作还是电脑办公,相应的光环境满意度都随着桌面照度的提高而提高。桌面高照度水平(超过300lx)容易带来电脑屏幕反光、眩光等问题,在电脑办公环境下此类问题应重点关注;相同噪声级水平下,办公、学校建筑中的声环境不满意率明显高于博览建筑。与博览建筑使用者相比,办公、学校建筑使用者由于工作和教学、学习的需要,对噪声更加敏感。

　　采用多元回归分析方法建立了分项满意度和总体满意度的关联模型。发现不同类型建筑中各分项环境的权重存在较大差异,不同类型建筑中室内环境品质评价的侧重点应有所不同。办公和博览建筑中温度满意度对总体满意度的影响最大;学校建筑中声环境满意度对总体满意度的影响最大。

　　研究成果可以为我国夏热冬冷气候条件下室内环境相关标准的制定提供有价值的参考,并为公共建筑室内环境品质评价模型中分级标准和权重的确定奠定基础。

第4章 主客观结合的室内环境品质评价模型

本研究第 3 章建立了室内环境参数与使用者满意度的关联模型,分析得到即时室内环境参数与群体使用者不满意率存在波动和单调两类变化关系,同时不同类型建筑中室内环境品质评价的侧重点存在差异。基于此本章进一步开展主客观相结合的室内环境品质评价研究。

现阶段室内环境品质评价模型不完善,表现为评价方法、评价内容不统一,适用范围有限,以及模型评价结果与主观满意度偏离较大。具体来看,已有的评价模型适用范围有限,夏热冬冷气候条件下不同类型建筑多因素环境参数的权重研究较少,无法适应多类型建筑的评价需求。评价内容较少考虑相对湿度和 $PM_{2.5}$ 浓度的影响。建筑运行过程中,长周期、多空间的室内环境品质难以准确量化。以往研究在评价长周期、多空间的室内环境品质时,多采用达标率对比或者平均值代入的方法进行宏观评价,但其评价结果的准确性仍不明确。基于此,本章结合第 3 章所建立的室内环境参数与使用者满意度之间的关联性结果,从评价框架、分级标准、权重及模型验证多个方面完善公共建筑室内环境品质评价模型。

4.1 室内环境品质评价模型框架的建立

在建筑实际运行环境下,室内环境参数在时间和空间上存在较大差异,进而相应的室内环境品质性能也在时空上不断变化。本研究在 Marino et al. (2012)提出的室内环境品质评价模型的基础上,考虑室内环境参数在时间和空间的波动,采用时间和空间维度分级加权的方法,提出适用于办公、学校及博览建筑的室内环境品质评价模型。评价内容中增加相对湿度和 $PM_{2.5}$ 浓度。结合第 3 章得到室内环境参数与使用者满意度的关联性,细化夏热冬冷气候条件下办公、学校及博览建筑中 6 种室内环境参数的分级标准和权重,建立了环境参数齐全、考虑时空差异的公共建筑室内环境品质评价模型。评价框架如图 4.1 和图 4.2 所示。

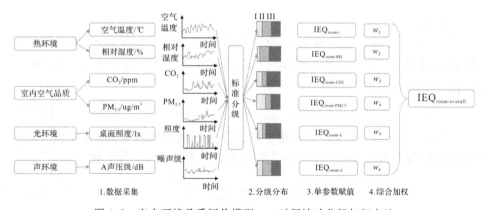

图 4.1　室内环境品质评价模型——时间波动分级加权方法

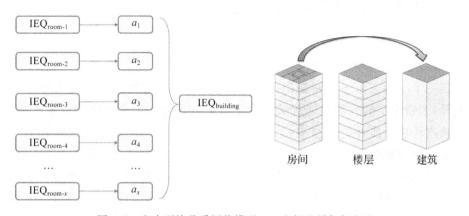

图 4.2　室内环境品质评价模型——空间差异加权方法

评价步骤如下：

（1）逐时数据采集：分别采集建筑内代表性房间中的各项室内环境参数和详细的能耗数据，室内环境参数包含了空气温度、相对湿度、CO_2 浓度、$PM_{2.5}$ 浓度、照度以及噪声级，数据的采集方法已在第 2 章中进行了详细论述；

（2）时间波动加权：本研究根据第 3 章得到的室内环境参数与使用者满意度的关联关系，拟根据使用者不满意率高低将各分项室内环境参数分为优、中、差 3 个等级。根据式（4.1）统计选定时间范围内各典型房间内各分项室内环境参数所处 3 个等级的分布比例，时间单位可以为年、月、日以及小时等。

$$m_{i,j} = \frac{q_{i,j}}{\sum\limits_{j=1}^{\text{III}} q_{i,j}} \tag{4.1}$$

式中，$q_{i,j}$ 为室内环境参数 i 在 j 等级下的累计时间；$m_{i,j}$ 为室内环境参数 i 在

j 等级的分级比例。

(3)分项环境参数赋值评价:对不同等级的分项室内环境参数进行赋值评价,优级赋予 100 分,中等赋 50 分,差级赋 0 分。基于式(4.2)计算得到各室内环境参数的室内环境品质单项分:

$$\text{IEQ}_i = \sum 100 m_{i,\text{I}} + 50 m_{i,\text{II}} \tag{4.2}$$

(4)综合加权评价:基于公共建筑的各项环境参数权重对不同代表性房间内环境参数进行加权,得到每个房间内综合 IEQ 值,计算公式为:

$$\text{IEQ}_{\text{room-overall}} = \sum_{i=1}^{6} \text{IEQ}_i w_i \tag{4.3}$$

式中,IEQ_i 为分项室内环境参数 i 的分项 IEQ 值;w_i 为分项室内环境参数 i 的权重值,权重值 w_i 满足以下条件:

$$\sum_{i=1}^{n} w_i = 1 \tag{4.4}$$

(5)空间差异加权:室内环境品质按空间特点可以分为房间、楼层以及建筑三个层级。由于在实际测试过程中,每个测点所代表的空间大小存在差异,为避免空间差异对建筑层级的整体室内环境品质评价结果带来影响。在室内环境品质评价过程中,三个层次依次进行。先计算房间层级的室内环境品质评价结果,然后根据测点所在空间的大小差异进行面积加权得到下一层级的室内环境品质评价结果。本研究以调研得到的各房间面积数据为依据,对不同房间内室内环境品质单项分和综合分进行空间差异加权,得到建筑层级的分项 IEQ 和综合 IEQ 值(见图 4.2),计算方法如下:

$$\text{IEQ}_{\text{building}} = \left[\text{IEQ}_{\text{room}}\right]^T \left[a\right] \tag{4.5}$$

$$a_x = \frac{A_x}{\sum A_x} \tag{4.6}$$

式中,a_x 为房间 x 的面积权重;A_x 为房间 x 的面积;a 为房间面积权重;T 为矩阵转换符号。

结合本节提出的室内环境品质评价模型框架,为完善该模型的适用范围和评价内容,下文将基于室内环境参数与使用者满意度的关联模型,确定室内环境参数分级标准和权重,并对评价模型在不同时间和空间上的准确性进行验证。

4.2 基于使用者满意度的室内环境参数分级标准

研究根据第 3 章中室内环境参数与使用者不满意率的变化关系,划定建筑运行阶段的室内环境参数分级。将室内环境参数分为Ⅰ、Ⅱ、Ⅲ三级，Ⅰ级环境下的不满意率最低，定为优级；Ⅱ级环境下的不满意率其次，定为中等；Ⅲ级环境下的不满意率最高，定为差级。考虑到部分环境参数与相关不满意率的关系中，客观上不满意率整体水平较高，研究结合国内外已有的部分环境参数分级要求（Khovalyg et al.，2020），同时兼顾室内环境参数调控的可操作性，灵活确定了不同环境参数的分级要求。

其中热环境和空气品质参数分级要求如图4.3所示。光环境参数和声环境参数均以Ⅰ级10％不满意率和Ⅱ级20％不满意率作为分级限值。最终得到基于使用者满意度的室内环境参数分级结果如表4.1所示。为了检验本研究所提的各环境参数分级标准的合理性，下文结合国内外已有的相关标准开展对比分析。

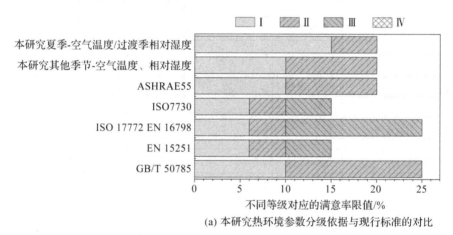

(a) 本研究热环境参数分级依据与现行标准的对比

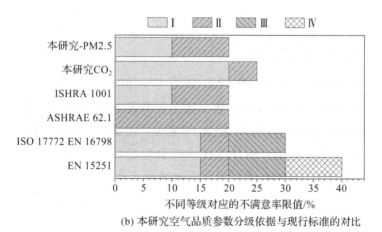

(b) 本研究空气品质参数分级依据与现行标准的对比

图4.3　热环境与空气品质参数分级依据对比

表 4.1　基于使用者满意度的室内环境参数分级标准

分级	建筑类型	Ⅰ	Ⅱ	Ⅲ
空气温度—夏/℃	办公、学校	$23.7 \leqslant t < 27$	$22.7 \leqslant t < 23.7$ $27 \leqslant t < 27.9$	$t < 22.7$ $t \geqslant 27.9$
相对湿度—夏/%	办公、学校	$65 \leqslant \varphi < 75$	$55 \leqslant \varphi < 65$ $75 \leqslant \varphi < 80$	$\varphi \geqslant 80$ $\varphi < 55$
空气温度—过渡/℃	办公、学校	$18.3 \leqslant t < 26$	$26 \leqslant t < 27.6$	$t < 18.3$ $t \geqslant 27.6$
相对湿度—过渡/%	办公、学校	$65 \leqslant \varphi < 80$	$60 \leqslant \varphi < 65$ $80 \leqslant \varphi < 85$	$\varphi \geqslant 85$ $\varphi < 60$
空气温度—冬/℃	办公、学校	$21.2 \leqslant t < 23.5$	$19 \leqslant t < 21.2$ $23.5 \leqslant t < 25.8$	$t < 19$ $t \geqslant 25.8$
分级	建筑类型	Ⅰ	Ⅱ	Ⅲ
相对湿度—冬/%	办公、学校	$70 \leqslant \varphi < 80$	$60 \leqslant \varphi < 70$	$\varphi \geqslant 80$ $\varphi < 60$
CO_2/ppm	办公、学校、博览	$C_{CO_2} < 550$	$550 \leqslant C_{CO_2} < 750$	$C_{CO_2} \geqslant 750$
$PM_{2.5}/(\mu g/m^3)$	办公、学校、博览	$C_{PM_{2.5}} < 20$	$20 \leqslant C_{PM_{2.5}} < 50$	$C_{PM_{2.5}} \geqslant 50$
桌面照度/lx	办公、学校	$I \geqslant 500$	$190 \leqslant I < 500$	$I < 190$
地面照度/lx	博览	$I \geqslant 140$	$40 \leqslant I < 140$	$I < 40$
噪声级/dB	办公、学校	$L_A \leqslant 40$	$40 < L_A < 57$	$L_A \geqslant 57$
噪声级/dB	博览	$L_A \leqslant 62.5$	$62.5 < L_A < 71$	$L_A \geqslant 71$

4.2.1　热环境参数分级

以美国 ASHRAE-55、ISO 7730、欧盟 EN 15251 以及中国 GB 50736 对热环境的标准要求为基础,结合本文提出的热环境参数分级结果绘制分级对比图。ASHRAE-55 标准中定义了"舒适"的温度和相对湿度的要求。ISO 7730 标准中将温度和相对湿度的要求从高到低分为Ⅰ、Ⅱ、Ⅲ三个级别。EN 15251 标准中将温度和相对湿度的要求从高到低分为 A、B、C 三个级别。与本研究的分级方法不同,ISO 7730 和 EN 15251 标准中,高级别所涵盖的范围包括了低级别的范围。GB 50736 基于热舒适性的要求,将民用建筑长期逗留区域温度以及相对湿度设计参数分为Ⅰ和Ⅱ两个级别,温度的

Ⅰ级和Ⅱ级范围相互独立,相对湿度的分级需与温度结合考虑。

国内外相关标准对夏季和冬季室内温度要求的对比结果如图 4.4 和图 4.5 所示。本研究提出的夏季室内空气温度Ⅰ级范围比 GB 50736 更大,GB 50736 提出的Ⅰ级范围为 24～26℃,而本研究中Ⅰ级范围为 24～27℃。GB 50736 考虑到节能的要求,不鼓励夏季室内空气温度低于 24℃。而本研究以使用者满意度作为唯一指标,因此 23～24℃被列为Ⅱ级。与 ISO 7730 和欧盟 EN 15251 相比,同等级下我国的夏季室内空气温度要求要高 0.2～1.5℃。ASHRAE-55 推荐的舒适区间范围由操作温度和相对湿度联合确定,仅考虑操作温度的舒适区间与本研究的Ⅰ、Ⅱ级基本重合。

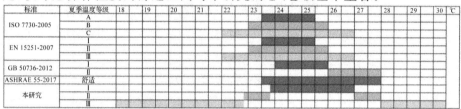

图 4.4　本研究中夏季温度分级与现行标准对比

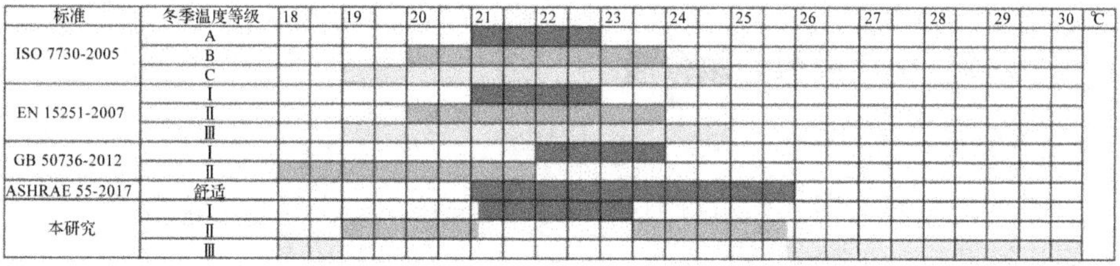

图 4.5　本研究中冬季温度分级与现行标准对比

冬季室内温度分级方面,本研究的Ⅰ级区间整体比 GB 50736 标准中Ⅰ级区间要求低 0.5～0.8℃,与 ISO 7736 中的 A 级和欧盟 EN 15251 中的Ⅰ级接近。Ⅱ级区间最低温度要求比 GB 50736 标准中Ⅱ级区间最低温度要求高 1℃。ASHRAE-55 推荐的冬季舒适区间与本研究提出的Ⅰ级全区间和Ⅱ级高温区间基本重合。

现行标准对夏季和冬季相对湿度分级对比结果如图 4.6 和图 4.7 所示。与 GB 50736 相比,本研究得到的Ⅰ级和Ⅱ级结果缩小了夏季相对湿度的满意区间,同时夏季的相对湿度下限和上限被提高。反应在冬季的结果中,满意区间的范围也被大幅度缩小。ASHRAE-55 标准中没有明确控制相对湿度的要求,当处于 60％以上的高相对湿度水平时,需要通过计算 PMV 来判断室内环境的舒适与否,因此无法直接对比分析。欧盟 EN15251

标准中对于有除湿要求的建筑,分别设定了50%(Ⅰ级)、60%(Ⅱ级)以及70%(Ⅲ级)三个目标值(European Committee for Standardization,2007)。对比可知,长期受气候条件的影响,本地区使用者对高湿度具有较高适应性,与其他地区相比更加偏好高湿度的环境。

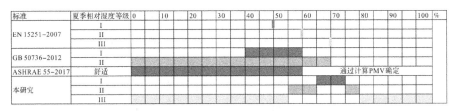

图4.6 本研究中夏季相对湿度分级与现行标准对比

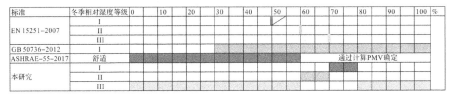

图4.7 本研究中冬季相对湿度分级与现行标准对比

4.2.2 空气品质参数分级

1)CO_2浓度分级

图4.8对比了本研究与现有标准和研究对CO_2浓度的分级结果。由于不同研究和标准的分类结果不一,为了更好地理解其中的区别,图例中注明了不同研究中的分类名称。我国现行的《室内空气质量标准 GB/T 18883—2022》对室内CO_2浓度的1小时平均限值为1000ppm(国家市场监督管理总局,国家标准化管理委员会,2022)。EN 15251中CO_2浓度的分级要求以室外CO_2浓度为基准(United States Environmental Protection Agency,2003),本研究将EN 15251标准中室外CO_2浓度定义为400ppm。

对比来看,本研究的CO_2浓度分级要求比大多数既有标准和研究更加严苛,这也表明要实现更高的空气品质满意度,有必要进一步提高对CO_2浓度的控制要求。另有少数研究设定了500ppm以下的分级限值。本研究前期对浙江地区城市中室外CO_2浓度开展了实测,发现室外CO_2浓度在400~500ppm范围内波动。因而对于浙江地区正常运行过程中的办公、学校及博览建筑设置更低的CO_2浓度限值无实际意义。

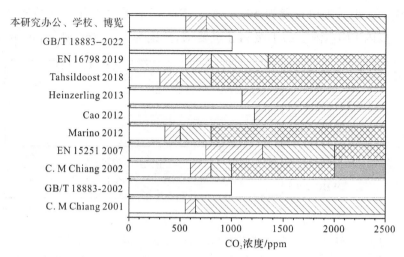

□　Ⅰ级(European Committee for Standardization,2007;Tahsildoost and Zomorodian, 2018;Marino et al.,2012)(本研究);1 小时平均限值(国家市场监督管理总局,国家标准化管理委员会,2022);商业建筑室内限值(Heinzerling et al.,2013);满意(Cao et al.,2012);100 分(Chiang and Lai,2002);健康(Chiang et al.,2001)

▨　Ⅱ级(European Committee for Standardization,2007;Tahsildoost and Zomorodian, 2018;Marino et al.,2012)(本研究);不满意(Cao et al.,2012);80 分(Chiang and Lai,2002);不确定(Chiang et al.,2001)

▧　Ⅲ级(European Committee for Standardization,2007;Tahsildoost and Zomorodian, 2018;Marino et al.,2012)(本研究);60 分(Chiang and Lai,2002);不健康(Chiang et al.,2001)

▩　Ⅳ级(European Committee for Standardization,2007;Tahsildoost and Zomorodian, 2018;Marino et al.,2012);40 分(Chiang and Lai,2002);

▨　20 分(Chiang and Lai,2002);

注:本研究将室外 CO_2 浓度定义为 400ppm

图 4.8　本研究中 CO_2 浓度分级与现行标准和研究的对比

2)$PM_{2.5}$ 浓度分级

图 4.9 总结了世界卫生组织和我国相关标准对 $PM_{2.5}$ 浓度的限值要求。世界卫生组织关于颗粒物、臭氧、二氧化氮和二氧化硫的空气质量准则 2005 版(World Health Organization,2006)中对 $PM_{2.5}$ 的 24 小时平均浓度提出了两个过渡时期的目标,分别是 $25\mu g/m^3$ 和 $50\mu g/m^3$。《环境空气质量标准 GB 3095−2012》(环境保护部和国家质量监督检验检疫总局,2012)中提出 $PM_{2.5}$ 浓度的 24 小时平均限值分为别 $35\mu g/m^3$(一级)和 $75\mu g/m^3$(二级)。GB/T 18883−2022(国家市场监督管理总局,国家标准化管理委员会,2022)

将 $PM_{2.5}$ 24 小时限值设置为 $50\mu p/m^3$。本研究基于使用者空气品质满意度提出了室内 $PM_{2.5}$ 浓度的Ⅰ级和Ⅱ级要求,分别为 $20\mu g/m^3$ 和 $50\mu g/m^3$。

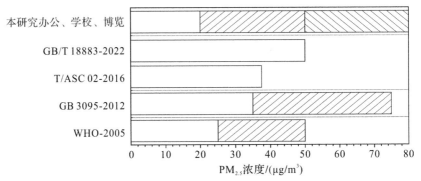

　　　 Ⅰ级(本研究);日均限值(国家市场监督管理总局,国家标准化管理委员会,2022;中国建筑学会,2017);过渡期目标Ⅰ(World Health Organization,2006);一级(环境保护部和国家质量监督检验检疫总局,2012);

　　　 Ⅱ级(本研究);过渡期目标Ⅱ(World Health Organization,2006);二级(环境保护部和国家质量监督检验检疫总局,2012);

　　　 Ⅲ级(本研究)

图 4.9　本研究中 $PM_{2.5}$ 浓度分级与现行标准的对比

　　对比可知本研究提出的 $PM_{2.5}$ 浓度Ⅰ级限值要略低于 WHO－2005 和 GB3095－2012 中提出的一级限值,而Ⅱ级限值与 WHO－2005 的二级限值一致,但明显低于 GB 3095－2012 中的二级限值。因此为了获得更高的室内空气品质满意度,实现绿色建筑的发展目标,有必要在现行统一性标准的基础上,进一步降低 $PM_{2.5}$ 浓度的限值水平。

4.2.3　光环境参数分级

　　图 4.10 对比了现行标准和研究中对不同类型建筑中照度的要求。本研究对于桌面照度的Ⅰ级限值 190lx 要明显低于 GB 50034－2012 对于普通办公室 300lx 的限值要求,而桌面照度的Ⅱ级限值与 GB 50034－2012 对于高档办公室 500lx 的限值要求一致。虽然已有研究指出当桌面照度超过 1300lx 时(Huang et al.,2012),使用者的平均满意度会出现下降,桌面照度并非越高越好。但建筑实际运行过程中,在单纯的人工照明环境下,桌面照度一般不会达到 750lx 以上(图 3.1)。因此本研究未限定办公和学校建筑照度Ⅰ级范围的上限值。

新提出的博览建筑地面照度Ⅰ级要求为 140lx,相较现行 200lx 的设计标准更低。此外,为了保证使用者正常的参观需求,提出了Ⅱ级 40lx 的低限值要求。

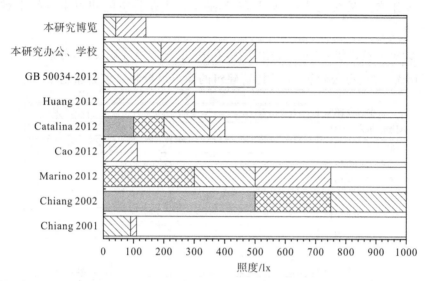

Ⅰ级(Marino et al.,2012)(本研究);普通办公室、普通教室(中华人民共和国住房和城乡建设部,2013a);A 类(Catalina and Iordache,2012);满意(Huang et al.,2012 ,Cao et al.,2012);100 分(Chiang and Lai,2002);健康(Chiang et al.,2001)

Ⅱ级(Marino et al.,2012)(本研究);高档办公室、美术教室(中华人民共和国住房和城乡建设部,2013a);B 类(Catalina and Iordache,2012);不满意(Huang et al.,2012;Cao et al.,2012);80 分(Chiang and Lai,2002);不确定(Chiang et al.,2001)

Ⅲ级(Marino et al.,2012)(本研究);一般展厅、公共大厅地面(中华人民共和国住房和城乡建设部,2013a);C 类(Catalina and Iordache,2012);60 分(Chiang and Lai,2002);不健康(Chiang et al.,2001)

Ⅳ级(Marino et al.,2012);D 类(Catalina and Iordache,2012);40 分(Chiang and Lai,2002)

E 类(Catalina and Iordache,2012);20 分(Chiang and Lai,2002)

图 4.10　本研究照度分级与现行标准和研究的对比

4.2.4　声环境参数分级

本研究中声环境参数仅考虑噪声级。图 4.11 对比了本研究中噪声级分级与现行标准和研究的差异。本研究噪声级Ⅰ级限值 40dB 与《民用建筑隔声设计规范 GB 50118－2010》中多人办公室高要求标准一致,Ⅰ级限值与多数的现行标准和已有的研究分级相重合。噪声级Ⅱ级限值则达到了

57dB,与《健康建筑评价标准 T/ASC 02－2016》中对需要保证通过扩声系统传输语言信息的场所的要求接近。这主要是因为办公和学校环境内,高噪声主要来自人员交流谈话,此类噪声在开放式办公空间和教室空间中难以有效避免。

针对博览建筑,本研究提出了I级和II级的噪声级控制要求,分别为 62.5dB 和 71dB。对比办公建筑,对于博览建筑的噪声级控制要求更加宽松。

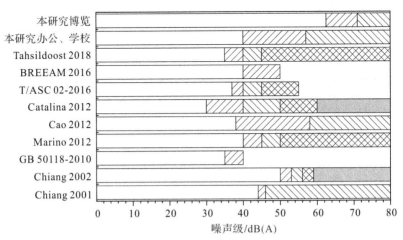

I级(Tahsildoost and Zomorodian,2018;Marino et al.,2012)(本研究);单人办公室最佳目标(BRE Global Limited,2016);单人办公室高要求(中华人民共和国住房和城乡建设部 and 中华人民共和国国家质量监督检验检疫总局,2010);睡眠要求的主要功能房间(中国建筑学会,2017);A 类(Catalina and Iordache,2012);满意(Cao et al.,2012);100 分(Chiang and Lai,2002);健康(Chiang et al.,2001)

II级(Tahsildoost and Zomorodian,2018;Marino et al.,2012)(本研究);多人办公室最佳目标(BRE Global Limited,2016);多人办公室高要求(中华人民共和国住房和城乡建设部 and 中华人民共和国国家质量监督检验检疫总局,2010);需集中精力、提高学习和工作效率的功能房间(中国建筑学会,2017);B 类(Catalina and Iordache,2012);不满意(Cao et al.,2012);80 分(Chiang and Lai,2002);不确定(Chiang et al.,2001)

III级(Tahsildoost and Zomorodian,2018;Marino et al.,2012)(本研究);普通教室(Preiser and Schramm,1997);需保证人通过自然声进行语言交流的场所(中国建筑学会,2017);C 类(Catalina and Iordache,2012);60 分(Chiang and Lai,2002);不健康(Chiang et al.,2001)

IV级(Tahsildoost and Zomorodian,2018,Marino et al.,2012);需保证通过扩声系统传输语言信息的场所(中国建筑学会,2017);D 类(Catalina and Iordache,2012);40 分(Chiang and Lai,2002)

E 类(Catalina and Iordache,2012);20 分(Chiang and Lai,2002)

图 4.11　本研究中噪声级分级与现行标准和研究的对比

4.3　室内环境参数的权重

室内环境品质的综合评价依赖于分项环境对总体环境的权重。研究采用使用者的总体满意度来量化多方面室内环境的综合评价结果,即室内环境品质。根据 3.3 章多元回归分析得到的办公、学校及博览建筑样本对应的标准系数结果,通过归一化处理得到各分项环境对总体环境的影响权重结果(见表 4.2)。结果表明不同类型的建筑中使用者对各分项环境的要求不一致。办公建筑中温度对总体满意度的影响最大,其次是声环境。博览建筑中对总体满意度影响最大的是温度,其次是声环境和光环境。学校建筑中对总体满意度影响最大的是声环境,其次是温度和光环境。

表 4.2　各分项满意度对总体满意度的影响权重对比

建筑类型	温度满意度	湿度满意度	空气品质满意度	光环境满意度	声环境满意度
办公	0.24	0.11	0.22	0.20	0.23
学校	0.22	0.17	0.12	0.22	0.27
博览	0.44	/	/	0.21	0.35

目前有关相对湿度对使用者满意度的影响研究较少,已有研究多将其纳入 PMV 中与温度等其他热环境参数一同计算,根据 PMV 的计算结果来判断综合的热环境感受。但 PMV 计算过程烦琐,所需参数繁杂,在实际建筑运行过程中长期监测和评价的可操作性较差。为了确定夏热冬冷气候条件下相对湿度对使用者的影响,将相对湿度单独拆分,细化得到相对湿度独立的影响权重值。

已有的研究多将总体环境即室内环境品质分为热环境、空气品质、光环境以及声环境四个方面。也有其他研究增加了震动及电磁污染(Chiang and Lai,2002)以及冷风下坠(Bluyssen et al.,2011)等其他环境因素。遵从已有研究中被广泛接受的组合设置情况,本研究只考虑热环境、空气品质、光环境以及声环境这四个分项环境,将权重重新归一化调整后再进行对比,得到的结果如表 4.3 所示。

表 4.3 本研究中分项环境对总体环境的权重对比

建筑类型	有效问卷量	热环境	空气品质	光环境	声环境
办公	949	0.35	0.22	0.20	0.23
学校	452	0.39	0.12	0.22	0.27
博览	199	0.44	/	0.21	0.35

在前文第 3.2 节中初步发现 CO_2 浓度和 $PM_{2.5}$ 浓度存在协同效应,两者共同影响并决定了空气品质满意度,为细化分析 $PM_{2.5}$ 浓度和 CO_2 浓度权重差异,以空气品质满意度为因变量,$PM_{2.5}$ 浓度与 CO_2 浓度作为自变量,采用 SPSS.20 软件建立空气品质满意度与 $PM_{2.5}$ 浓度和 CO_2 浓度的多元回归模型。采用回归模型中的标准系数,归一化得到办公、学校、博览三类建筑中 $PM_{2.5}$ 浓度和 CO_2 浓度对空气品质满意度的影响权重结果如表 4.4 所示。

表 4.4　不同类型建筑中 $PM_{2.5}$ 和 CO_2 浓度对空气品质满意度的影响权重对比

建筑类型	$PM_{2.5}$ 浓度	CO_2 浓度
办公	0.60	0.40
学校	0.56	0.44
博览	0.86	0.14

表 4.4 结果表明,不同类型的公共建筑中,$PM_{2.5}$ 浓度和 CO_2 浓度对使用者空气品质满意度的影响效果不同。总体上看,$PM_{2.5}$ 浓度对空气品质满意度的影响比 CO_2 浓度更大。本研究即时点对点现场测试样本中不同类型公共建筑中 $PM_{2.5}$ 和 CO_2 浓度分布对比结果如图 4.12 所示。结果显示点对点样本中办公建筑的 $PM_{2.5}$ 浓度最高,其次是学校和博览建筑。博览建筑内部以大空间为主,室内 CO_2 浓度平均值约为 500ppm(见图 4.12),整体处于较低水平,与室外接近。因此 $PM_{2.5}$ 浓度对空气品质满意度起到了决定性作用。而办公和学校建筑中,由于人员密度更大,相应的 CO_2 浓度长期处于更高水平,$PM_{2.5}$ 浓度和 CO_2 浓度两者对总体满意度的影响较为接近。

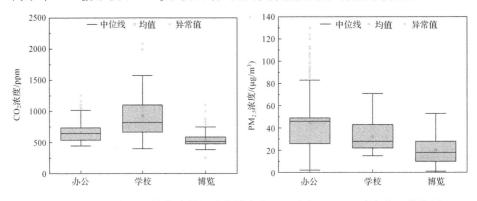

图 4.12　办公、学校及博览建筑点对点样本中 CO_2 浓度和 $PM_{2.5}$ 浓度的四分位图

西方发达国家中室内外 $PM_{2.5}$ 浓度长期处于较低水平（European Environment Agency,2018；Bennett et al.,2019），国外相关研究团队对室内空气品质综合评价研究的侧重点主要放在 CO_2 浓度和通风换气次数上。本研究结果表明，CO_2 浓度和 $PM_{2.5}$ 浓度存在协同效应，两者共同影响并决定了空气品质满意度。在夏热冬冷地区办公、学校及博览建筑中 $PM_{2.5}$ 浓度是影响室内空气品质满意度的主要因素之一，$PM_{2.5}$ 浓度对室内空气品质满意度的影响程度均超过了 CO_2 浓度，有必要将其纳入室内环境品质综合评价的考虑因素。

结合表 4.3 和表 4.4 的权重值结果，将分项室内环境参数进行归一化处理，得到不同类型建筑中分项环境参数权重结果如表 4.5 所示。结果表明办公建筑中，空气温度对室内环境品质的影响最大，其次是噪声级和照度，CO_2 浓度的影响最小；学校建筑中，噪声级对室内环境品质的影响最大，其次是空气温度和照度，CO_2 浓度的影响最小；博览建筑中，温度对室内环境品质的影响最大，其次是噪声级和照度。三类公共建筑中，温度、照度和噪声级对总体室内环境品质的权重均超过了 0.2。

表 4.5　办公、学校及博览建筑分项室内环境参数权重对比

建筑类型	空气温度	相对湿度	$PM_{2.5}$ 浓度	CO_2 浓度	照度	噪声级
办公	0.24	0.11	0.13	0.09	0.20	0.23
学校	0.22	0.17	0.07	0.05	0.22	0.27
博览	0.44	/	/	/	0.21	0.35

已有研究表明受地区、建筑类型、问卷量等因素影响，不同研究中分项权重结果存在差异，且这种差异的合理性难以被准确评价（Wei et al.,2020；Frontczak and Wargocki,2011）。表 4.6 对比了本研究与已有研究中四方面分项环境对总体环境的影响权重。与已有研究相比，本研究扩展了博览建筑这一类别，并且以即时点对点现场测试的方式提升了问卷的准确性。同时在问卷量上也具有一定的优势，提高了分项权重的鲁棒性（Finch and Finch,2017）。本研究中学校建筑的权重结果，与曹彬等人以中国北京、上海两地的图书馆、学校建筑为对象提出的权重结果最为接近。本研究中办公建筑的权重结果，与 Wong et al.（2008a）以中国香港地区办公建筑为对象提出的权重结果较为接近。而同为学校建筑，本研究中学校建筑热环境的权重值，比 Tahsildoost and Zomorodian（2018）以伊朗德黑兰学校为对象

提出的热环境权重更小,两者声环境权重值较为接近。Ncube and Riffat
(2012)基于英国办公建筑调研得到的空气品质权重明显大于其他所有研
究。Heinzerling et al.(2013)提出的权重指标中声环境权重最大,达到了
0.39,其研究对象涵盖了多种类型的建筑。Wei et al.(2020)以世界范围内
八大主流的绿色建筑评价标准为依据,总结了与热环境、空气品质、光环境
以及声环境相关的评价总分值,并进行归一化处理,得到各分项环境对总体
环境的影响权重,结果表明空气品质权重占比最大,其次是热环境和光环
境,而声环境占比最小。

表 4.6　本研究与已有研究中四方面分项环境对总体环境的影响权重对比

研究人员	建筑类型	问卷量	热环境	空气品质	光环境	声环境
Chiang and Lai(2002)	住宅、办公	12 名专家	0.24	0.34	0.19	0.23
Wong et al.(2008a)	办公	293	0.31	0.25	0.19	0.24
Cao et al.(2012)	图书馆、学校	500	0.38	0.14	0.21	0.27
Bluyssen et al.(2011)	办公	5732	0.29	0.23	0.23	0.25
Ncube and Riffat(2012)	办公	68	0.30	0.36	0.16	0.18
Catalina and Iordache(2012)	学校	/	0.25	0.25	0.25	0.25
Heinzerling et al.(2013)	办公	52980	0.12	0.20	0.29	0.39
Fassio et al.(2014)	学校	17	0.33	0.10	0.38	0.18
Ghita and Catalina(2015)	学校	708	0.27	0.30	0.24	0.19
Piasecki and Kostyrko (2018)	/	/	0.25	0.25	0.25	0.25
Buratti et al.(2018)	学校	900	0.35	/	0.30	0.35
Tahsildoost and Zomorodian (2018)	学校	842	0.34	0.08	0.31	0.26
Wei et al.(2020)	/	/	0.27	0.34	0.22	0.17
Sun et al.(2023)	医院	60	0.30	0.26	0.07	0.37
本研究	办公	949	0.35	0.22	0.20	0.23
	学校	395	0.39	0.12	0.22	0.27
	博览	199	0.44	/	0.21	0.35

另外也有研究者(Catalina and Iordache,2012;Piasecki et al.,2017)主
观赋予四方面室内环境同样的权重系数,即均取 0.25。以四方面室内环境
评价值的均值作为总体室内环境品质的评价值。同为学校建筑,其权重值
与本研究学校建筑的权重值相比,扩大了空气品质的权重,缩小了热环境的

权重,光环境和声环境权重较为接近。

综上可知,不同地区、不同气候条件、不同建筑类型中分项环境对总体环境的权重存在较大差异,结果主要受分析对象和方法的影响。大规模的使用者问卷的回归分析结果与现行绿色建筑评价标准评分、少数专家赋值结果不一致。大规模的使用者问卷分析结果普遍表明热环境占据主导地位,空气品质对室内环境品质的影响在四个方面中占比最小。以现行的绿色建筑评价标准评分以及专家咨询数据为依据得到的结果普遍高估了空气品质的权重。

分类结果表明,博览建筑中空气品质对总体环境的影响明显低于办公和学校建筑,因为博览建筑中的参观者停留时间相对较短,对空气品质相关参数的感知更不敏感。而学校建筑中由于教学、学习的特殊要求,学生对噪声的敏感度要比办公人员更高。因此为准确评价特定气候条件下特定类型建筑中的室内环境品质,有必要分别建立分项环境的权重结果。

4.4　室内环境品质评价模型的验证

4.4.1　短期、单一空间室内环境品质评价的准确性分析

基于上文建立的评价框架、分级标准以及权重结果,建立了夏热冬冷气候条件下绿色公共建筑室内环境品质评价模型。为验证该模型在评价短期、单一空间室内环境品质时的准确性,研究在所选绿色办公和学校建筑中随机选取典型房间采集实时的室内环境参数以及即时的使用者总体满意度结果。以计算得到的 IEQ_{room} 值为 x 轴,相应房间内使用者总体满意度的平均值为 y 轴绘制得到图 4.13。采用最小二乘法拟合得到 IEQ_{room} 与使用者总体满意度平均值之间的线性回归模型,分别为:

办公建筑: $S_{overall} = 0.088 IEQ_{room} - 0.2384$,　$R^2 = 0.7255$　　　(4.7)

学校建筑: $S_{overall} = 0.012 IEQ_{room} + 4.8021$,　$R^2 = 0.7581$　　　(4.8)

由图 4.13 可知, IEQ_{room} 与使用者总体满意度呈现正相关关系,办公和学校建筑中的拟合结果 R^2 均超过了 0.7。表明室内环境品质评价模型,在评价短期、单一空间室内环境品质时,评价结果能够较好地体现使用者的总体满意度投票情况。由于采用了时空分级加权方法和即时点对点现场测试

方法,该模型与 Buratti et al.(2018)提出的学校建筑室内环境品质评价模型相比,使用者总体满意度的吻合度更高,从学校样本对比来看 R^2 提升了 69%。

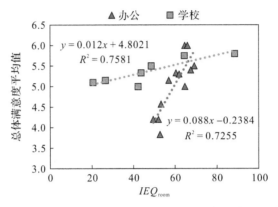

图 4.13　室内环境品质评价结果与使用者总体满意度的关系

办公建筑中使用者总体满意度波动明显大于学校建筑,但办公建筑中 IEQ_{room} 波动明显小于学校建筑。由此可见,办公建筑中室内环境比学校建筑更加稳定,但使用者对室内环境参数的敏感程度高于学校建筑。两类建筑中仅有一处房间内使用者总体满意度低于 4,说明使用者对总体环境的容忍度较高。

4.4.2　长周期、多空间室内环境品质评价的准确性分析

第 2 章分析结果表明,建筑实际运行过程中室内环境参数随着时间和空间变化极大,长周期、多空间室内环境品质难以准确量化。在实际建筑中,建筑不同空间的尺寸存在差异。由于测点数量的限制,难以保证测点覆盖的均匀性。不同测点所代表的空间大小存在较大差异,因此在量化评价建筑层级的室内环境品质时,在考虑时间波动的基础上,需要叠加不同空间大小的影响,来提高综合评价的准确性。目前对时空波动的量化处理主要有两种方法:第一种方法为平均值代入法,即取给定时间和空间范围内环境参数数据的平均值,用该结果直接表征(周正楠,2017)或代入计算来评价室内环境的性能;第二种方法为达标率法,指采用特定时空内的室内环境参数达标率来评价室内环境的性能。

为对比分析不同计算方法量化的准确性,选取 B1 办公建筑的运行数据进行评价对比。采集其中 17 楼办公区域冬季某典型周的 6 项室内环境参

数,包括了空气温度、相对湿度、PM$_{2.5}$浓度、CO$_2$浓度以及桌面照度,间隔时间为 10 分钟。噪声级数据采集时间为典型周办公时间连续的 20 分钟,间隔时间为 1 秒。

实测数据时间为 2017 年 12 月 11 日至 15 日,运行时间 9:00—17:00。实测得到该典型周运行时间内 6 项室内环境参数分布结果,如表 4.7 和图 4.14 所示。

表 4.7　B1 建筑 17 楼典型周内 6 种室内环境参数统计结果

参数	空气温度 /℃	相对湿度 /%	CO$_2$浓度 /(ppm)	PM$_{2.5}$浓度 /(μg/m^3)	桌面照度 /lx	噪声级 /dB
样本量	275	275	275	275	275	1200
平均值	22.8	37.6	716	40	382	57.0
等级判定	Ⅰ 级	Ⅲ 级	Ⅱ 级	Ⅱ 级	Ⅱ 级	Ⅲ 级
标准差	1.1	6.6	188	13	98	6.5
最小值	18.8	24.7	336	13	4	43.0
最大值	24.7	48.5	1175	79	509	71.5
达标率	91%	84%	98%	52%	96%	2%

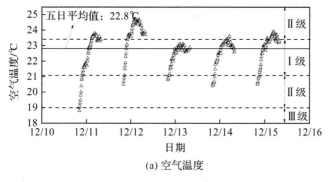

(a) 空气温度

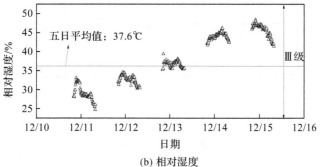

(b) 相对湿度

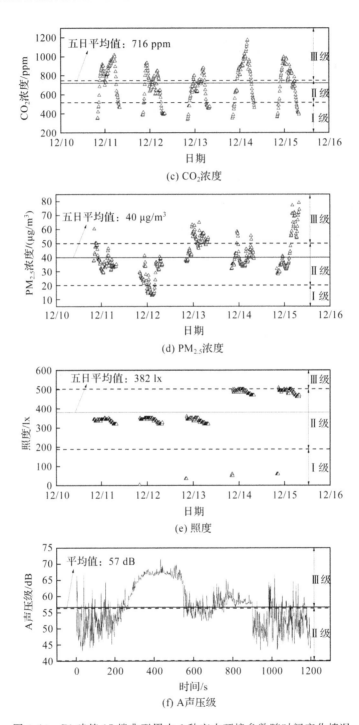

图 4.14　B1 建筑 17 楼典型周内 6 种室内环境参数随时间变化情况

　　以室内空气温度为例,采用第一种方法平均值代入法来评价空气温度,该办公建筑室内温度平均值为 22.8℃,满足本研究定义的 Ⅰ 级温度环境的要求。如果采用达标率法,以《民用建筑供暖通风与空气调节设计规范 GB 50736-2012》(中华人民共和国住房和城乡建设部,2012)所规定的温度区间为基准,该建筑室内环境温度满足规范要求的比例为 91%,达标率较高。根据本研究提出的室内环境品质分级评价方法,采用平均值代入法计算得到的室内环境品质结果仅有 100、50 以及 0 三种取值。以空气温度为例,该典型周内室内空气温度归为 Ⅰ 级和 Ⅱ 级的时间分别为 46% 和 54%,说明室内空气温度超过一半的时间属于满意度中等的 Ⅱ 级区间。但采用平均值代入法则将该时段内的室内温度环境简单归为 Ⅰ 级,认为该环境处于满意度较高的 Ⅰ 级区间。同时由第 3 章的研究可知,使用者满意度与室内环境参数之间并非单一的线性关系。因此平均值在表征室内环境性能时存在局限性,容易误判室内环境的实际性能。

　　根据前文提出的室内环境品质评价模型,计算得到该楼层各分项环境的 IEQ 和综合 IEQ。采用各环境参数的平均值或达标率再次根据式(4.1-4.6)计算得到分项 IEQ 和综合 IEQ。达标率法仅能直接分析各分项环境参数的达标率结果,但无法准确给出室内环境的综合评价结果,需基于分项环境参数权重结果加权得到综合 IEQ。

　　为了进一步量化本研究分级加权综合评价与平均值法和达标率法之间的差异,以夏季和冬季 B1 建筑所有房间的多维度运行数据为基础,分别采用上述三种室内环境品质评价方法,评价 B1 建筑层面的室内环境品质评价结果。根据满分值进行归一化处理,然后基于最小二乘法建立归一化后的评价结果与对应使用者满意度平均值之间的线性拟合模型,结果如所图 4.15 所示。表 4.8 汇总了三种方法拟合得到的 R^2 结果。

　　表 4.8 中的对比结果表明,达标率法计算得到的室内环境品质结果无法准确解释使用者满意度的变化。平均值代入法计算得到的室内环境品质评价结果与使用者满意度的关系,在考虑时间波动时可以解释 61% 的使用者满意度变化,在考虑空间差异时可以解释 45% 的使用者满意度变化。本研究提出的时空加权综合评价方法计算得到的室内环境品质结果与使用者满意度的关系,在考虑时间波动时可以解释 72% 的使用者满意度变化,在考虑空间差异时可以解释 48% 的使用者满意度变化。与平均值代入法相比,综合评价结果与使用者满意度的吻合度更高,在时间和空间上的吻合度分

别提高了 18% 和 7%。

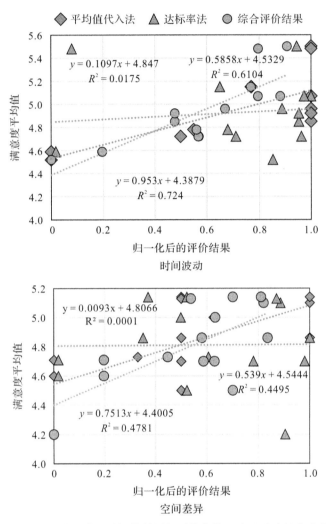

图4.15　本研究的室内环境品质评价结果与平均值代入法以及达标率法的结果对比

表4.8　室内环境品质评价结果与使用者满意度的线性拟合 R^2 对比

R^2	达标率	平均值代入法	时空加权的综合评价
时间波动	0.02	0.61	0.72
空间差异	0.00	0.45	0.48

　　综上所述,本研究提出的室内环境品质评价模型在考虑时间波动和空间差异后,能更精确地反映各分项环境和总体环境的优劣,避免环境参数取平均值后抵消了其随时间波动的影响。此外,由于使用者满意度与室内环

境参数之间并非都是单一的线性关系,采用平均值代入法无法准确体现出使用者满意度感受,但平均值代入法作为一种简易的算法仍可以给出较为可靠的室内环境品质评价结果。

4.5　本章小结

针对现有室内环境品质评价模型在评价方法、适用范围、评价内容以及模型验证等方面存在的不足,建立了夏热冬冷气候条件下覆盖参数齐全、考虑时空差异的公共建筑室内环境品质综合评价模型。基于使用者不满意率,确定了办公、学校及博览建筑中室内环境参数的分级标准,包括了空气温度、相对湿度、桌面/地面照度、CO_2 浓度、$PM_{2.5}$ 浓度以及噪声级。

其次,基于分项满意度与总体满意度的回归模型,得到了夏热冬冷气候条件下办公、学校及博览建筑中各分项环境参数对室内环境品质的影响权重。与已有研究相比,本研究扩展了博览建筑这一类别,并且以即时点对点现场调研的方式提升了问卷结果的准确性。同时在问卷量上也具有一定的优势,提高了分项权重的鲁棒性。不同地区、不同气候条件、不同建筑类型中分项环境对总体环境的权重存在较大差异,结果主要受分析对象和方法的影响。大规模的使用者问卷分析结果普遍表明热环境占据主导地位,空气品质对室内环境品质的影响在四个方面中占比最小。以现行的绿色建筑评价标准评分以及专家赋值结果为依据得到的结果普遍高估了空气品质的权重。$PM_{2.5}$ 浓度是影响空气品质满意度的主要因素之一,其影响权重甚至高于 CO_2 浓度。在浙江地区公共建筑室内环境品质评价过程中,应考虑 $PM_{2.5}$ 浓度的影响。对办公、学校以及博览建筑室内环境品质影响最大的分别是空气温度、噪声级和空气温度,CO_2 浓度的影响均最小。

最后,采用新提出的办公、学校及博览建筑室内环境参数分级标准和影响权重,基于使用者满意度验证了室内环境品质综合评价模型的准确性。结果表明基于时空分级加权的室内环境品质评价模型,适用于短期/长周期、单一空间/多空间的室内环境品质评价。在评价短期、单一空间的室内环境品质时,评价结果与使用者总体满意度两者的一致性较好,与已有研究相比(Buratti et al.,2018),结果与使用者满意度的吻合度提高了 69%。在评价长周期、多空间的室内环境品质时,与传统的平均值代入法相比,在时间和空间上与使用者满意度的吻合度分别提高了 18% 和 7%。

第5章　建筑运行能耗修正方法及性能后评估方法

　　第4章重点建立了办公、学校及博览建筑的室内环境品质评价模型,该模型得到的结果与主观满意度的吻合度比现有方法更高。但是仅考虑室内环境品质或运行能耗某一方面对建筑运行性能进行评价仍不够准确和全面。不同建筑在实际运行过程中,室内环境品质和运行能耗往往同时变化。高标准建筑为了提供更佳的室内环境品质,过程中难免需要消耗更多的能源。因此有必要建立运行性能的综合评估方法,考虑室内环境品质和能耗两方面因素,才能更加准确地掌握建筑的实际运行性能。考虑到不同建筑能耗对比过程中,普遍存在对比基准不一致的情况,如外部气象条件、使用强度等存在差异,直接对比建筑能耗不合理,因此在开展运行性能后评估前,需要先对运行能耗进行标准化修正,即统一能耗对比基准。

5.1　考虑使用强度差异的公共建筑运行能耗修正方法

5.1.1　现有能耗修正方法存在的问题

　　在平衡室内环境品质与运行能耗的过程中,由于能耗受建筑外部气象条件、建筑软硬件情况和建筑使用强度(Bakar et al.,2015;刘菁和王芳,2017)等多因素影响,直接采用实测值进行对比,不同建筑之间的对比基准不一致,评价得到的结果也不准确。本研究的建筑样本均来自气候接近的浙江地区,且研究表明同一地区室外气候条件的年波动对建筑能耗的影响在20%以内(徐强等,2019),因而本研究不考虑建筑外部气象条件的影响。

　　建筑软硬件条件主要可以分为建筑围护结构特性、室内环境控制参数、办公照明、暖通空调设备及系统能效等多个方面。这些因素是建筑性能优劣结果的具体体现。因此不应对建筑软硬件情况引起的能耗差异进行修正。

　　使用强度包括了使用时长、人员密度、人员行为以及使用空间比例等。本研究独立评价不同类型建筑的运行能耗，暂不考虑人员行为的影响。所有建筑均为 100% 投入使用，不考虑使用空间比例的影响。由本书第 2 章中的绿色公共建筑能耗分析结果可知，建筑运行能耗受使用强度影响较大。不同建筑使用强度不同，运行能耗不可避免会产生差异，直接采用实测值进行分析，结果存在误判的可能（刘菁和王芳，2017）。因此本书针对使用强度仅考虑使用时长和人员密度的影响。

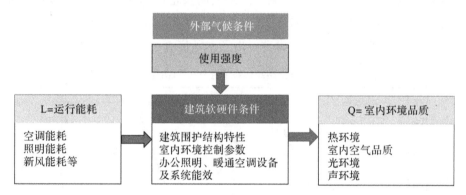

图 5.1　运行能耗影响因素及综合评价内容之间的关系

　　本研究拟提出的建筑性能后评估方法，是为了综合考虑室内环境品质以及能耗两方面因素，对绿色公共建筑的运行性能进行权衡评价。评价结果的优劣，是建筑各方面运行性能指标的综合体现，具体的优劣可能体现在空调形式、围护结构性能、设备选型以及用能习惯等多个方面。研究的目的在于评价同类型绿色建筑室内环境品质及能耗综合运行性能水平，并帮助筛选出性能不佳的建筑以及改造潜力较大的建筑。

　　基于此，下文拟对基于使用强度的建筑运行能耗修正方法开展分析。《民用建筑能耗标准 GB/T51161－2016》（中华人民共和国住房和城乡建设部，2016）（本章节下文简称标准）针对办公建筑的实测能耗，提出了基于工作时长和人员密度的修正方法（见式 5.1），而针对学校建筑和博览建筑没有提出基于使用强度的能耗修正方法。

$$E_{oc} = E_o \cdot \gamma_1 \cdot \gamma_2 \qquad (5.1\text{-}1)$$

$$\gamma_1 = 0.3 + 0.7 \frac{T_0}{T} \qquad\qquad (5.1\text{-}2)$$

$$\gamma_2 = 0.7 + 0.3 \frac{S}{S_0} \qquad\qquad (5.1\text{-}3)$$

式中，E_{oc}为办公建筑年单位面积能耗实测值的修正值，单位为 $kWh/(m^2 \cdot a)$；γ_1为标准中提出的办公建筑使用时长修正系数；γ_2为标准中提出的办公建筑人员密度修正系数；T为年实际使用时长，单位为 h；S为实际人均建筑面积，单位为 $m^2/$人；$T_0 = 2500h$，$S_0 = 10 m^2/$人。

以运行性能数据库中 7 个绿色办公建筑案例为例，根据式(5.4)计算得到基于标准的能耗修正值和实测值对比结果(见图 5.2)。本研究将修正值与实测值的比值定义为修正比例。结果表明修正比例在 $107\% \sim 325\%$ 之间大幅度变化。B3、B4 以及 B6 的修正比例均在 250% 以上。B3 建筑其修正值超过了 $200kWh/(m^2 \cdot a)$，明显超出了本地区办公建筑能耗的正常范围。

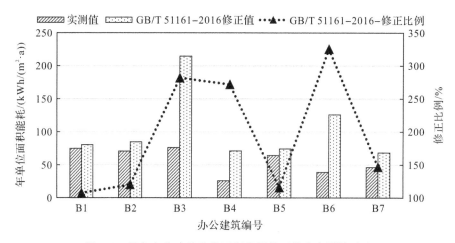

图 5.2　绿色办公建筑单位面积能耗修正值和实测值对比

(注：修正比例为修正值与实测值之比)

能耗的修正值产生较大变化可能有两个方面原因。一方面，使用时长和人员密度对能耗影响可能不及标准中的要求。在对建筑运行能耗进行修正之前，有必要对标准中修正方法的合理性进行重新讨论。另一方面，标准提出的修正方法中，对建筑照明能耗也基于人员密度进行了修正。而建筑运行过程中，办公建筑每增加一位使用人数，其办公、空调等能耗会相应增加，但是对照明能耗的影响较小。而照明能耗占到公共建筑总能耗的接近 20%，该修正方法大幅度提高了总能耗的修正值。

因此有必要对建筑总能耗进行拆分讨论,分析使用时长和人员密度对空调、照明以及设备等分项能耗的影响,进而对标准的修正方法进行验证。本章下文将以典型绿色办公建筑为例,分析使用时长和人员密度对建筑运行能耗的影响,对标准提出的修正方法进行优化,并根据已有的研究总结学校以及博览建筑的能耗修正方法。其中建筑层级的人员密度以人均建筑面积来表征。

5.1.2　典型绿色办公建筑能耗模型的建立

根据浙江地区绿色办公建筑调研结果,新建绿色办公建筑以点式高层为主。为了分析使用时长和人员密度对建筑能耗的影响,研究选取点式高层办公建筑 B1 作为研究对象。选择该建筑中作息规律的行政办公楼层,在 DesignBuilder 软件平台中建立能耗分析模型,如图 5.3 所示。

该标准层不同立面窗墙比结果汇总于表 5.1。外墙传热系数为 0.69 $W/(m^2 \cdot K)$,门窗传热系数为 $2.4W/(m^2 \cdot K)$,其中标准层屋顶和地板均设置为绝热面。

室内热扰设置:室内热扰设置参数由现场调研获得。标准层内办公区域人员在室率汇总于表 5.2。办公区域照明功率密度为 $4W/m^2$,照度设计值为 500lx。照明时间开关情况如表 5.3 所示。设备功率密度为 $11.6W/m^2$,逐时使用率如表 5.4 所示。标准层有一室内房间为数据机房,其设备功率密度为 $171W/m^2$,数据机房内夏季供冷,冬季不供热。

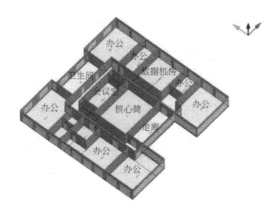

图 5.3　B1 建筑标准层能耗分析模型

表 5.1 B1 建筑标准层不同立面窗墙比情况

立面	窗墙比
东向	0.53
南向	0.52
西向	0.27
北向	0.52

表 5.2 B1 建筑标准层内办公区域人员在室率统计

时间	工作日	周六	周日及节假日
0:00—8:30	0	0	0
8:30—11:30	100	100	0
11:30—12:30	50	0	0
12:30—17:30	100	0	0
17:30—24:00	0	0	0

表 5.3 B1 建筑办公区域内照明时间开关统计

时间	工作日	周六	周日及节假日
0:00—8:30	0	0	0
8:30—11:30	1	1	0
11:30—14:00	0.5	0	0
14:00—17:30	1	0	0
17:30—24:00	0	0	0

表 5.4 B1 建筑办公区域内电气设备逐时使用率统计

时间	工作日	周六	周日及节假日
0:00—8:30	0	0	0
8:30—11:30	1	1	0
11:30—14:00	0.75	0	0
14:00—17:30	1	0	0
17:30—24:00	0	0	0

根据实际调研结果,空调季设定为 6 月 1 日到 10 月 25 日。供暖季设定为 11 月 15 日到次年 3 月 15 日。本案例建筑中供冷季室内控制温度设定为 25℃,供暖季室内控制温度设定为 23℃。室内温度根据实测得到,设备为

WSZY-1 温湿度自记仪(准确度:±0.3℃)。空调工作日运行时间为 8:00—18:00;周六运行时间为 8:00—11:30;周日和节假日空调不运行。

本案例中建筑空调系统为水源热泵系统,系统制冷 EER 为 3.7,系统制热 COP 为 3.8。空调系统性能数据由研究人员现场实测得到。实测设备包括了天建华仪 WSZY-1 温湿度自记仪、ZP-1158 超声波流量计(准确度:1.0%F.S)以及 485 通信多功能电表。由于缺少该建筑所在地区的典型气象年数据,天气数据采用邻近地区杭州市的典型气象年数据。模拟得到该案例建筑标准层全年各分项能耗结果,汇总于表 5.5。能耗监测数据由 EHS—德易安可再生能源监管系统导出,能耗数据采集器型号为 DED-BA-E7101。结果表明各分项模拟结果与实测能耗数据误差均控制在 10% 范围内,说明该模型模拟得到数值结果具有较高的可信度。

表 5.5　B1 建筑标准层全年能耗校核结果

参数	空调能耗	照明	插座设备	总能耗
全年标准层能耗/(kW·h)	16601	5431	12141	34173
全年实际能耗/(kW·h)	20215	5355	12278	41279
误差/%	−17.88	1.42	−1.11	−9.71

5.1.3　使用时长对建筑能耗的影响

该案例建筑标准层以行政办公为主。工作日上午 8:30 上班,17:30 下班,每天使用建筑累计 9 小时;周六上午 8:30 上班,11:30 下班,每天使用时间累计 3 小时。周日及其他节假日休息。统计得到全年使用时长累计为 2355 小时,具体如表 5.6 所示。

表 5.6　B1 建筑标准层实际全年使用时长统计结果

参数	全年	工作日	周六	周日及其他节假日
天数	365 天	245 天	50 天	70 天
使用时长	2355 小时	9 小时/天	3 小时/天	0

为便于控制不同使用时长,模拟时仅调整工作日下班时间,从而实现设置不同全年工作时长的目的。根据建筑实际运行情况,不同模拟工况中下班时间最早为 16:30,最晚为 22:30。具体工况如表 5.7 所示。不同使用时长工况下,在模拟中人员在室率、照明时间开关表以及电气设备逐时使用率

的下班时间将随既有设定变化。为避免数据机房对能耗产生的影响,模拟过程中,数据机房空间内设备和空调均保持关闭。

表5.7 不同工况的工作日下班时间及全年使用时长设置情况

工况	I—1	I—2	I—3	I—4	I—5	I—6	I—7
工作日下班时间	16:30	17:30	18:30	19:30	20:30	21:30	22:30
全年工作时长/小时	2110	2355	2600	2845	3090	3335	3580

空调季设定为6月1日到10月25日。供暖季设定为11月15日到次年3月15日。本案例建筑中空调季室内控制温度设定为25℃,供暖季室内控制温度设定为23℃。工作日运行时间为8:00—下班时间;周六运行时间为8:00—11:30;周日和节假日空调不运行。

模拟得到不同全年使用时长下案例建筑全年单位面积各分项能耗结果(图5.4)。结果表明各分项能耗均随着全年使用时长的增加线性增长,但制热能耗增长的幅度明显低于其他分项能耗。

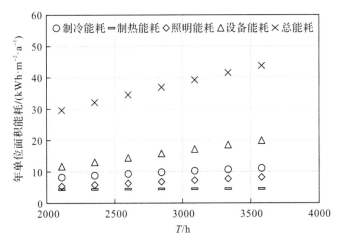

图5.4 全年使用时长对建筑能耗的影响

不同全年使用时长下,案例建筑全年总能耗结果如图5.4所示。结果表明案例建筑全年总能耗随着年使用时长的增加呈现线性增长。基于最小二乘法,拟合得到年使用时长 T 与年单位面积总能耗之间的关系如下:

$$EUI = 0.0096T + 9.4253, R^2 = 0.9997 \qquad (5.2)$$

式中,EUI 代表年单位面积总能耗,单位为 kWh/(m² · a)。

根据式(5.1)计算得到,年使用时长 T 为2500小时的年单位面积总能耗。参考标准,以 T 为 2500 小时的年单位面积总能耗为基准,计算得到基于使用时长的全年单位面积总能耗修正系数结果(见图 5.5)。基于最小二乘法拟合得到使用时长与其对应的修正系数 γ'_1 之间的关系为:

$$\gamma'_1 = 0.7536T_0/T + 0.2408, R^2 = 0.9992 \tag{5.3}$$

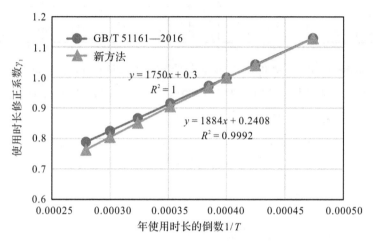

图 5.5　基于年使用时长的全年单位面积总能耗修正系数变化情况

图 5.5 表明本研究的结果与标准提出的办公建筑使用时长修正系数基本吻合。当使用时长大于 2600h 时,两者之间的差异有所扩大。使用时长为 3580h 时,两者差异最大为 4%。

5.1.4　人均建筑面积对建筑能耗的影响

进一步讨论人均建筑面积对建筑运行能耗的影响。设定该标准层建筑均投入使用。基于现场调研并结合天津大学王朝霞的研究,得到普通办公类建筑,人均设备功率集中在 80~120W 之间。本研究取平均值 100W 作为典型的办公建筑人均设备功率值。因此设定办公空间内每增加一人,设备功率增加 100W。为避免数据机房对能耗产生的影响,模拟中数据机房空间内设备和空调均保持关闭。

结合实际情况调整人员数量,设计不同的人均建筑面积工况。根据人员数量和人均设备功率计算得到不同工况下的办公区域设备功率密度。标准层内不同工况下使用人数、人均建筑面积以及输入设备功率密度汇总于表 5.8。

表 5.8　人均建筑面积工况设置情况

工况	1	2	3	4	5	6	7	8	9	10	11	12	13
使用人数	15	18	19	23	31	37	46	62	75	93	124	185	375
人均建筑面积/(m²/人)	62.0	51.7	48.9	40.4	30.0	25.1	20.2	15.0	12.5	10.0	7.5	5.0	2.5
设备功率密度/(W/m²)	2.7	3.2	3.4	4.2	5.6	6.7	8.3	11.2	13.2	16.8	22.4	33.4	67.7

在 DesignBuilder 软件中设置不同使用人数，从而实现不同的人均建筑面积工况，分别模拟得到相应的年单位面积空调能耗、照明能耗、插座设备能耗以及总能耗结果，如图 5.6 所示。

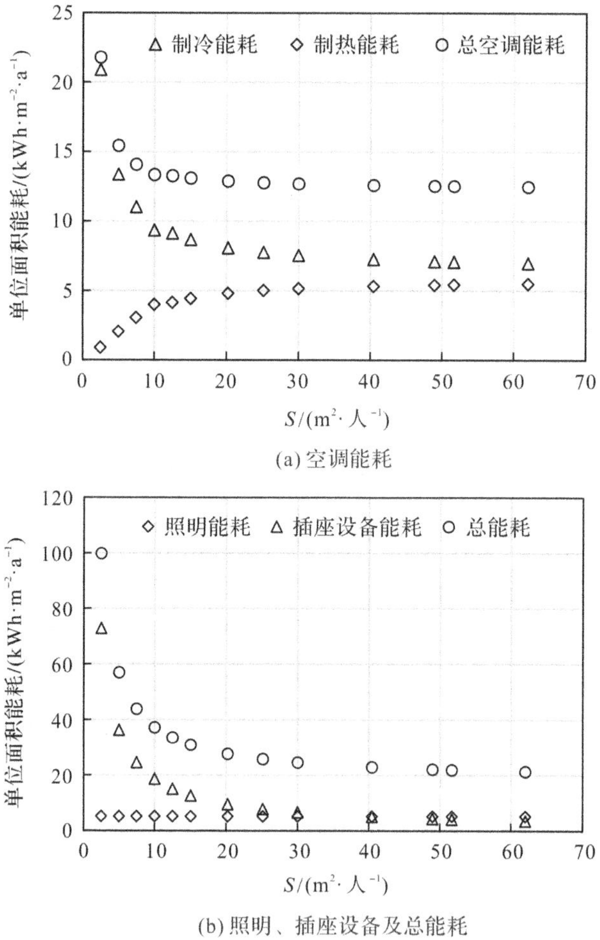

(a) 空调能耗

(b) 照明、插座设备及总能耗

图 5.6　人均建筑面积对建筑能耗的影响

随着使用人数的减少,人均建筑面积由 2.5m²/人增加到 20m²/人,相应的年单位面积空调制冷能耗快速下降。当人均建筑面积超过 20m²/人后,空调制冷能耗缓慢下降,并逐渐趋近 7.5kWh/(m²·a)。相应的制热能耗则先快速升高而后趋于平缓。因为使用人数减少后,使用者的发热量减少。在同样的室内温度要求下,夏天的冷负荷降低,冬天热负荷增加。随着人均建筑面积由 2.5m²/人增加至 7.5m²/人,空调总能耗快速下降。当人均建筑面积超过 7.5m²/人,空调总能耗趋于平缓。

随着人均建筑面积的增加,年单位面积照明能耗保持不变。因为建筑均 100% 投入使用,虽然使用人数降低,但是实际使用过程中为保障所有使用者对光环境的基本要求,室内照明设备仍正常运行。

随着人均建筑面积的增加,年单位面积插座设备能耗先快速下降,超过 30m²/人后则趋于平缓。插座设备能耗与使用人数呈线性关系,而人均建筑面积与使用人数呈倒数关系。因而人均建筑面积越大,使用人数的变化越小,导致插座设备能耗变化幅度逐渐变小(见图 5.6b)。

综合空调能耗、照明能耗以及插座设备能耗得到年单位面积总能耗与人均建筑面积之间的关系(见图 5.6b)。结果表明当人均建筑面积由 2.5m²/人增加至 30m²/人时,年单位面积总能耗快速下降。人均建筑面积继续提高后,年单位面积总能耗逐渐趋于平缓。

5.1.5　敏感性分析

不同办公建筑由于前期设计和后期运行特点的差异,实际运行中人均办公设备功率、空调能效等参数差异较大,这类因素也可能会对建筑能耗产生影响,因而导致不同办公建筑的人员密度修正系数发生变化。研究将通过 DesignBuilder 能耗模拟的方法逐一讨论人均办公设备功率、空调性能对人员密度修正系数的影响。

5.1.5.1　人均办公设备功率的影响

人均办公设备功率分别设置 50W、100W、150W 以及 300W 四种工况,不同工况下,以人均建筑面积为 10m²/人的工况为基准,计算得到的人员密度修正系数变化情况如图 5.7 所示。结果表明人均办公设备功率越高,人员密度修正系数越大。

当人均建筑面积低于 10m²/人时,人员密度修正系数均低于现行标准的要求。当人均办公设备功率低于 100W 时,相应的人员密度修正系数整体低于现行标准。当人均办公设备功率为 150W 时,在低人均建筑面积条件下(10～30m²/人),其人员密度修正系数要高于现行标准。在高人均建筑面积条件下(大于 30m²/人),相应的人员密度修正系数低于现行标准。人均办公设备功率为 300W 的工况下,当人均建筑面积大于 10m²/人,相应的人员密度修正系数整体高于现行标准。由于实际情况下,人均建筑面积不会无限增长。虽然理论上随着人均建筑面积的增加,现行标准的修正曲线会再度超越 300W 时的修正曲线,但实际建筑中该工况并不常见。

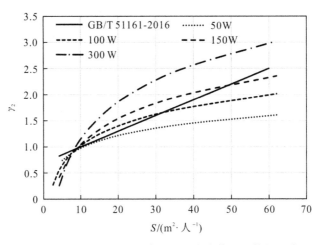

图 5.7　人均办公设备功率对人员密度修正系数的影响

5.1.5.2　空调能效的影响

本案例所采用的空调系统为水源热泵系统,参考工况设置的制冷 EER 为 3.7,制热 COP 为 3.8。参考《可再生能源建筑应用工程评价标准 GB/T50801－2013》(中华人民共和国住房和城乡建设部,2013b)对地源热泵系统性能级别的划分结果,建立新的空调性能工况,如表 5.9 所示。其中能效工况一以 1 级为基准,能效工况二以 2 级为基准。

表 5.9　空调能效工况设置情况

	制冷 EER	制热 COP
参考工况	3.7	3.8
工况一	3.5	3.9
工况二	3.0	3.4

模拟并计算得到不同工况下的人员密度修正系数结果如图 5.8 所示。结果表明参考工况与 1 级基准接近,修正系数基本一致。2 级基准降低了制冷 EER 和制热 COP,修正系数变化幅度在 6% 以内。

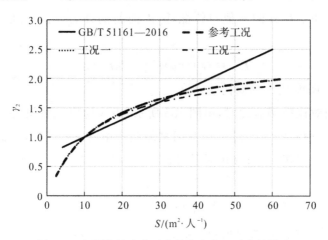

图 5.8　空调能效变化对人员密度修正系数的影响

5.1.6　优化后的办公建筑运行能耗修正方法

根据 5.1.5 节的敏感性分析可知,人均设备功率对人员密度修正系数的影响较大。空调能效的影响较小,在 10% 以内。本研究在新的运行能耗修正方法中,将办公建筑中的人均设备功率设定为 100 W。地下车库用能强度明显低于办公区域,不同建筑中地下车库面积占比存在差异,其会对人均建筑面积产生较大影响。为消除这一影响,在计算人均建筑面积时剔除地下车库面积,办公建筑能耗仅考虑实际办公区域面积。

本研究针对建筑年单位面积总能耗的使用时长修正系数 γ_1 与《民用建筑能耗标准 GB/T51161—2016》(中华人民共和国住房和城乡建设部,2016)中提出的结果一致,因此其修正公式不变,具体为:

$$\gamma_1 = 0.3 + 0.7 \frac{T_0}{T} \tag{5.4}$$

第 5.1.3 章节的结果表明,办公建筑中使用人数的增加后,人均建筑面积减少,但是照明能耗不受其影响。因此 GB/T51161—2016 标准中基于人员密度的办公建筑运行能耗实测值的修正中,不应将照明能耗与空调、插座设备等能耗一同进行修正。因而人员密度修正系数 γ_2 只用于修正除照明能耗外的其他能耗,以人均建筑面积 S 为 $10 \text{m}^2/$人为基准使用强度,转化得到

人员密度修正系数 γ'_2 拟合公式为：

$$\gamma'_2 = 0.541\ln S - 0.218, R^2 = 0.9966 \tag{5.5}$$

针对建筑总能耗的修正，人均建筑面积与照明能耗并无直接关系，γ_2 只能参与除照明能耗外的其他建筑能耗，因而新的办公建筑能耗实测值修正公式为：

$$E'_{oc} = ((1-\alpha)E_o\gamma_2 + \alpha E_o)\gamma_1 \tag{5.6}$$

式中，α 为照明能耗占总能耗的比重。

在单独对比空调能耗时，由图 5.6 所示，当人均建筑面积大于 $7.5\mathrm{m^2/}$人时，人均建筑面积的增加对全年空调总能耗影响在 2% 以内，因此不对人均建筑面积进行修正，仅对使用时长进行修正。其修正方法如下：

$$E'_{ac} = E_{ac}\gamma_{1-ac} \tag{5.7}$$

式中，E'_{ac} 为年空调能耗修正值，单位为 $\mathrm{kWh/(m^2 \cdot a)}$；

E_{ac} 为年空调能耗实测值，单位为 $\mathrm{kWh/(m^2 \cdot a)}$；

γ_{1-AC} 为办公建筑空调能耗的使用时长修正系数，其计算方式如下：

$$\gamma_{1-ac} = 0.77 + 0.60\frac{T_0}{T} \tag{5.8}$$

由图 5.6b 所示，人均建筑面积对全年照明总能耗无直接影响。因此在单独对标照明能耗时，不对人均建筑面积进行修正，仅对使用时长进行修正。其修正方法如下：

$$E'_{light} = E_{light}\gamma_{1-li} \tag{5.9}$$

式中，E'_{light} 为办公建筑照明能耗修正值；E_{light} 为办公建筑照明能耗实测值；$\gamma_{1-light}$ 为办公建筑照明能耗的使用时长修正系数，其计算方式如下：

$$\gamma_{1-light} = 0.18 + 0.80\frac{T_0}{T} \tag{5.10}$$

办公建筑地下车库中的建筑能耗强度明显低于正常办公区域内的能耗强度。因此当建筑包含地下车库时，需要剔除其地下车库的能耗和建筑面积。重新定义人均建筑面积的计算方法如下：

$$S = A'/P \tag{5.11}$$

式中，A' 为剔除地下车库后的建筑面积，单位为 $\mathrm{m^2}$；

P 为建筑内实际用能总人数，单位为人。

基于式(5.7)至式(5.14)的修正方法，对所选取的 7 个绿色办公建筑能耗的实测值进行修正，得到修正结果后，将其与实测值以及《民用建筑能耗标准 GB/T51161－2016》中提出的修正值进行对比(见图 5.9)。

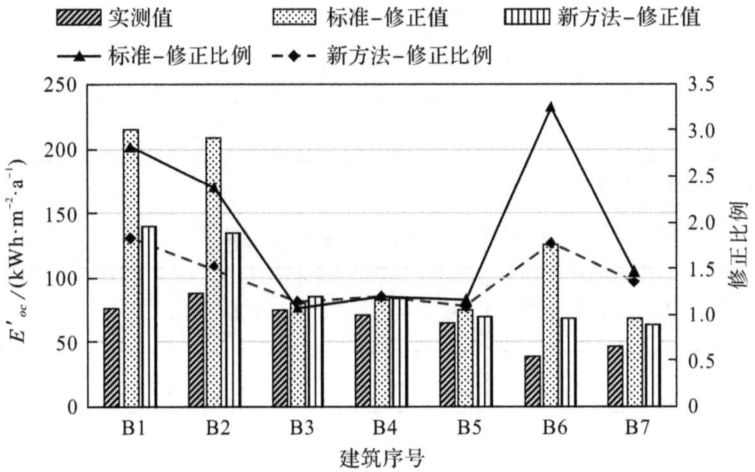

图 5.9 优化后的总能耗修正值与采用 GB/T51161－2016 得到的修正值对比

新的修正方法大幅度降低了使用强度偏离大的样本建筑(B2、B3、B6)的能耗修正值,如 B6 建筑的修正比例由最高的 325％降到 177％。而对于与标准使用强度接近的样本建筑,其修正差异率变化在 12％以内。修正后的年单位面积能耗最高为 139kWh/(m² · a),属于正常的能耗水平。

5.1.7 公共建筑运行能耗修正方法总结

针对中小学建筑的能耗修正方法,本研究参考唐文龙等(2009)的研究结果。对大学建筑的能耗修正参考上海市地方标准《高等学校建筑合理用能指南 DB31/T 783－2014》(上海市质量技术监督局,2014b)的修正方法。博览建筑使用强度差异较小,因此采用实测值直接进行对比分析。最终得到公共建筑能耗修正方法如表 5.10 至表 5.13 所示。

表 5.10 办公、学校以及博览建筑能耗修正方法

	修正方法
办公建筑	$E'_{oc} = [(1-\alpha)E_o\gamma_2 + \alpha E_o]\gamma_1$ $\gamma_1 = 0.3 + 0.7\dfrac{T_0}{T}$ $\gamma_2 = 0.541\ln S - 0.218, R^2 = 0.9966$
学校建筑	$E_{oc} = E_o/\beta$
博览建筑	不修正

表 5.11 中小学建筑能耗修正系数 β

类型	小学			中学		
班级人数/人	30~40	40~45	>45	35~45	45~50	>50
修正系数	0.97	1	1.02	0.82	1	1.19

资料来源:唐文龙等(2009)。

表 5.12 大学建筑能耗修正系数 β

学校类型	政法、体育、艺术	财经	语文	师范	理工、农业	综合	医药
修正系数	0.6	0.75	0.8	0.9	1.0	1.1	1.2

资料来源:上海市质量技术监督局(2014b)。

表 5.13 办公建筑分项能耗修正方法

分项能耗	修正方法
空调能耗	$E'_{ac} = E_{ac}\gamma_{1-ac}$ $\gamma_{1-ac} = 0.77 + 0.60\dfrac{T_0}{T}$
照明能耗	$E'_{light} = E_{light}\gamma_{1-light}$ $\gamma_{1-light} = 0.18 + 0.80\dfrac{T_0}{T}$

5.2 绿色公共建筑性能后评估方法

CASBEE 中的 Q/L 二维评价模型重点关注建筑运行过程中建筑单体与外部环境的关系(伊香贺俊治等,2010),且环境品质 Quality 和环境负荷 Load 以措施采用与否或采用程度进行评价,其评分并非基于建筑实际运行数据。本研究评价的对象是运行过程中的建筑实际性能,评价的内容是实测得到的大规模、多维度运行数据。研究将 Q/L 二维评价模型引申后用以权衡建筑内部环境品质与运行能耗的关系,并对分级依据进行优化调整。

将室内环境品质定义为 Q,修正后的建筑运行能耗定义为 L,引入建筑环境效率 BEE(Built environmental efficiency)指标,其计算方法如下:

$$\text{BEE} = \frac{\text{IEQ}'}{\text{EUI}'} \qquad (5.12)$$

式中,BEE 为建筑环境效率系数;IEQ′为归一化后的分项 IEQ 或综合 IEQ;

EUI' 为归一化的单位面积能耗。

IEQ' 计算方法如下：

$$IEQ' = \frac{IEQ}{100} \qquad (5.13)$$

本研究提出的综合分级依据在 Q/L 二维评价模型的最初分级依据的基础上进行了优化调整。依据第 4.2 章的分项赋值计算方法[见式(4.2)]，可以得到包括温度、相对湿度、CO_2 浓度、$PM_{2.5}$ 浓度、桌面照度以及噪声级 6 个方面的分项 IEQ 值和综合 IEQ 值。基于第 4.2 章中的室内环境品质综合评价方法，以 50 和 75 为限值划分为Ⅰ、Ⅱ和Ⅲ三个级别，分别代表差、中等以及优的室内环境品质结果。

由 IEQ 的计算方法可知，当 IEQ 低于 50，则说明该分项室内环境或总体环境长期处于Ⅲ级环境(见表 4.1)，使用者不满意率较高，其实际性能不佳，将其定义为差级；当 IEQ 介于 50 和 75 之间，说明该分项环境或总体环境长期处于Ⅰ级和Ⅱ环境(见表 4.1)，使用者不满意率处于中等水平，将该分项室内环境或总体环境定义为良好级别；当 IEQ 高于 75，说明该分项环境长期处于Ⅰ级环境水平(见表 4.1)，使用者不满意率处于较低水平，将该分项室内环境参数为优级。IEQ 大于 50 时，均认为其环境品质合理。

基于此，得到室内环境品质 IEQ 的分级依据，汇总如表 5.14 所示。

表 5.14　室内环境品质分级依据

等级	分级依据
优级	$75 \leqslant IEQ < 100$
中等	$50 \leqslant IEQ < 75$
差级	$IEQ < 50$

公共建筑运行能耗的归一化方法如下：

$$EUI' = \frac{E_{co}}{E_{limit}} \qquad (5.14)$$

式中，E_{limit} 为同地区同类型建筑运行能耗的合理值，单位为 $kWh/(m^2 \cdot a)$；E_{co} 为采用 5.1.6 章节能耗修正方法修正后的年单位面积能耗值，单位为 $kWh/(m^2 \cdot a)$。

本研究中公共建筑能耗合理值参考针对相近气候区的相关研究或现行

标准,汇总如下表 5.15 所示。

表 5.15 公共建筑全年单位面积总能耗合理值

建筑类型	细分类型	能耗合理值 kWh/(m² · a)
办公建筑	集中式空调系统建筑	157(上海市质量技术监督局,2014b)
	半集中式、分散式空调系统建筑	120(上海市质量技术监督局,2014b)
学校建筑	小学建筑	32(唐文龙等,2009)
	中学建筑	50(唐文龙等,2009)
	大学建筑	70(上海市质量技术监督局,2014a)
博览建筑	采用恒温恒湿空调系统建筑面积≥1/3,且常年运行	280(上海市质量技术监督局,2015a)
	博物馆	140(上海市质量技术监督局,2015a)

目前对于办公建筑全年单位面积分项能耗的限值研究较少。本研究在全年单位面积总能耗合理值的基础上,参考已有研究以及本研究的实测及模拟结果,空调能耗约占到办公建筑总能耗的 30%(徐强等,2019),照明能耗约占到办公建筑全年总能耗的 17%(李怀等,2017,CBECS,2012),计算得到简化的办公建筑全年单位面积分项能耗合理值(见表 5.16)

表 5.16 办公建筑全年单位面积分项能耗合理值

建筑类型	分项能耗	细分类型	能耗合理值/[kWh/(m² · a)]
办公建筑	空调能耗	集中式空调系统建筑	47
		半集中式、分散式空调系统建筑	36
	照明能耗		27

针对同类别的公共建筑能耗评价,提出了建筑运行性能综合评级方法,如图 5.10 所示。在 Q/L 二维评价模型的基础上(伊香贺俊治等,2010),根据 BEE 的取值和归一化后的 IEQ 结果,将建筑运行性能等级分为 S、A、B、C 以及 D 五个等级,分别代表优秀、良好、中等、合格以及不合格,具体的分级方法如表 5.17。

新的建筑性能评级方法(见表 5.17)以本研究提出的室内环境品质综合评价模型为依据,优化了 CASBEE 中 Q/L 二维评价模型中 Q 下限值。以第 5.1 章提出的考虑使用强度的公共建筑能耗修正方法为基础,综合国内外相关研究,引入了新的运行能耗归一化方法,统一了不同公共建筑的能耗对比基准。以大规模室内环境和运行能耗数据为依据,对公共建筑环境效率进行评价。

以某建筑为例,参考表 5.17 所示的分级依据进行评价。该建筑 EUI' 结果为 0.54,IEQ' 结果为 0.65,大于 0.5,计算得到最终的 BEE 值为 1.2,介于 1.0 和 1.5 之间,因此该建筑运行性能被定义为 B 级(见图 5.11)。该评价方法可以快速给出建筑的运行性能等级,帮助识别运行性能不佳的工况。

运行性能后评估方法不仅适用于建筑整体性能的综合评价,也可用于分项室内环境的综合评价。如空调能耗对应室内温度评价值,照明能耗对应室内照度评价值以及新风能耗对应 CO_2 浓度评价值(见图 5.10)。

表 5.17　公共建筑运行性能等级划分依据

等级	评价结果	划分依据	星级水平
S	优秀	BEE≥3.0 且 IEQ'≥0.75	☆☆☆☆☆
A	良好	BEE≥3.0 且 0.5≤IEQ'≤0.75 或 1.5≤BEE<3.0 且 IEQ'≥0.5	☆☆☆☆
B	中等	1.0≤BEE<1.5 或 BEE≥1.5 且 IEQ'≤0.5	☆☆☆
C	合格	0.5≤BEE<1.0	☆☆
D	不合格	0≤BEE<0.5	☆

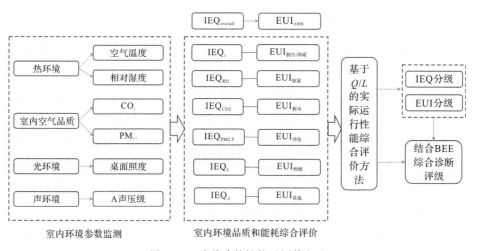

图 5.10　公共建筑性能后评估方法

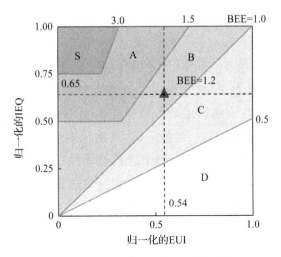

图 5.11　公共建筑性能后评估示例

5.3　本章小结

　　针对建筑使用强度差异大引起的能耗对比基准不一,对比结果不准确的难点,以典型办公建筑为例,采用 DesignBuilder 能耗模拟的方法,分析了使用时长和人员密度对建筑运行能耗的影响,并对《民用建筑能耗标准 GB/T51161－2016》提出的能耗实测值修正方法进行了优化。结果表明《民用建筑能耗标准 GB/T51161－2016》中对使用时长的修正方法与模拟得到的结果一致。而标准中针对人员密度的修正方法高估了人员密度对建筑能耗的影响。本研究从使用时长和人均建筑面积两个方面提出了新的办公建筑运行能耗修正方法。综合已有的研究和标准,提出了学校建筑运行能耗修正方法。

　　结合分项能耗与使用强度的关系,完善了公共建筑能耗修正方法,提出了办公、学校及博览建筑能耗归一化方法,统一了同类型公共建筑的能耗对比基准。以 CASBEE 的 Q/L 评价模型为基础,结合室内环境品质评价、分级方法以及建筑能耗归一化方法,提出了建筑运行性能后评估方法。引入建筑环境效率系数 BEE 来综合评估建筑的运行性能,根据 BEE 值和室内环境品质评价结果将建筑运行性能分为 S、A、B、C 及 D 五个级别。该方法可以快速对建筑整体和分项环境运行性能进行分级,并识别运行性能不佳的项目。

第 6 章　运行性能后评估方法的应用

本章节将应用第 4 章和第 5 章提出的绿色公共建筑运行性能后评估方法,结合第 2 章中采集得到的长周期室内环境数据及运行能耗数据开展诊断分析,详细展示该评估方法的应用流程。首先以绿色办公、学校及博览建筑为例,对空气温度、相对湿度、照度、CO_2 浓度、$PM_{2.5}$ 浓度以及噪声级 6 个分项 IEQ 和综合 IEQ 开展室内环境品质性能评价,并分析了绿色建筑星级与 IEQ 之间的关系。然后结合采集得到的建筑分项能耗和总能耗,开展运行性能综合评价。

6.1　室内环境品质诊断分析

根据第 2 章的室内环境长期监测方法,采集绿色公共建筑的室内环境实时监测数据。室内环境主要包括了热环境、光环境、声环境以及室内空气品质四个方面,其中选择了空气温度、相对湿度、照度、CO_2 浓度、$PM_{2.5}$ 浓度以及噪声级 6 种室内环境参数开展夏季、过渡季以及冬季长期监测。分别从夏季和冬季中选择两个典型周的环境参数数据,根据第 4 章的室内环境品质评价模型,对所选案例建筑开展长周期的室内环境品质性能评价。

由于长期监测的数据多达数十万条,难以通过人工的方式进行快速计算。研究基于 Python 平台设计了一套室内环境品质性能计算程序,用于统计得到不同案例建筑中各项环境参数分级分布结果和相应的分项 IEQ 值和综合 IEQ 值。

6.1.1　绿色办公建筑

以 B1、B2、B3、B4 共 4 栋绿色办公建筑为对象,选取第 2 章中获取的夏季、过渡季以及冬季两周室内环境监测数据,采用第 4 章的室内环境品质评价模型计算得到各项环境参数等级分布情况如图 6.1 所示,相应的分项

IEQ 和综合 IEQ 汇总于图 6.2。

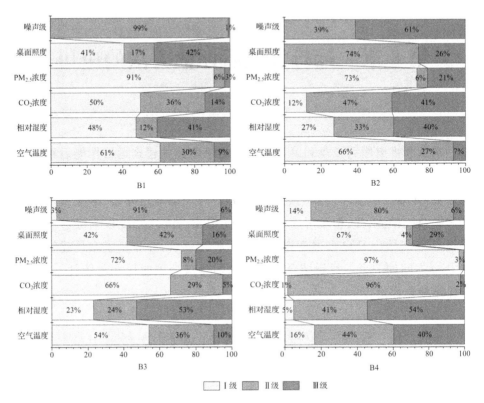

图 6.1　办公建筑各项环境参数等级分布情况

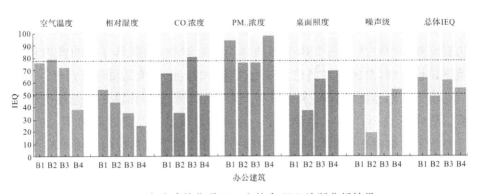

图 6.2　办公建筑分项 IEQ 和综合 IEQ 诊断分析结果

　　4 栋绿色办公建筑中,所有分项 IEQ 和综合 IEQ 平均值均为 58。B1 建筑综合 IEQ 最高,达到了 64。其次是 B3 建筑综合 IEQ 为 62,B4 建筑综合 IEQ 为 56。B2 建筑综合 IEQ 最低为 49。

热环境方面,B4 建筑热环境性能最差。B1 建筑中温度 IEQ 略低于 B2 建筑,但是相对湿度 IEQ 优于 B2 建筑。B2、B3、B4 建筑相对湿度 IEQ 均低于 50,B1 建筑相对湿度 IEQ 值高于 50。原因是 B1 建筑内设有温湿度独立控制系统,保证了相对湿度满足使用者的基本要求。

空气品质方面,B1 和 B4 建筑中 $PM_{2.5}$ 最优。建筑室内 $PM_{2.5}$ 主要受室外 $PM_{2.5}$ 浓度影响,具体来看 B1 位于绍兴地区,B4 位于杭州临安区,两地室外 $PM_{2.5}$ 浓度长期处于较低水平。而 B2 和 B4 处于杭州闹市区,室外 $PM_{2.5}$ 水平相对较高。CO_2 浓度 IEQ 值与人员密度直接相关。B2 建筑中人员密度最高,相应的室内 CO_2 浓度水平也更高。B1、B3 和 B4 建筑人员密度相对较低,室内 CO_2 浓度明显优于 B2。

桌面照度方面,B1、B2 和 B4 建筑整体照度环境要明显优于 B2 建筑。B2 建筑的室内光环境水平较低,光环境有较大的改善空间。

声环境方面,噪声级 IEQ 值与建筑所处室外环境有直接关系。室外环境越嘈杂,引起室内噪声级更高,相应的 IEQ 值也越低。如 B2 建筑处于杭州市核心商圈,与外围交通主干道仅间隔不足 10 米,室外平均噪声级为 56dB,其室内噪声级水平最低。

B2 建筑综合 IEQ 低于 50,说明其绝大多数环境参数长期处于Ⅲ级水平,使用者满意度偏低,未来有改造提升的必要。

6.1.2 绿色学校建筑

以 X1、X2、X3 共 3 栋绿色学校建筑为对象,选取第 2 章中获取的夏季、过渡季以及冬季两周室内环境监测数据,采用第 4 章的室内环境品质评价模型计算得到各项环境参数等级分布情况如图 6.3 所示,相应的分项 IEQ 和综合 IEQ 汇总于图 6.4。

3 个学校案例中,B2 和 B3 建筑综合 IEQ 要略优于 B1 建筑。X3 建筑整体室内环境最佳,综合 IEQ 评分为 52.8。其次是 X2 建筑,相应的综合 IEQ 为 52.6。X1 建筑综合 IEQ 最低为 50.9。

X1 建筑中室内热环境优于 X2 和 X3 建筑。由于 X3 建筑为大学教学楼,采用的是间歇使用模式,其教室内长期处于无人状态且空调设备不开启,因此教室内温度和相对湿度 IEQ 最低。针对此类间歇运行的建筑,未来应考虑增加人员在室情况的测试,以提高结果评估的准确性。

空气品质方面,X3 建筑整体优于 X1 和 X2 建筑。X1 和 X2 建筑的 CO_2 浓度 IEQ 明显低于 50,说明 CO_2 浓度长期处于较高水平。X1 建筑处于杭州城市核心区,受室外 $PM_{2.5}$ 浓度影响,其室内 $PM_{2.5}$ 浓度长期处于Ⅲ级水平。

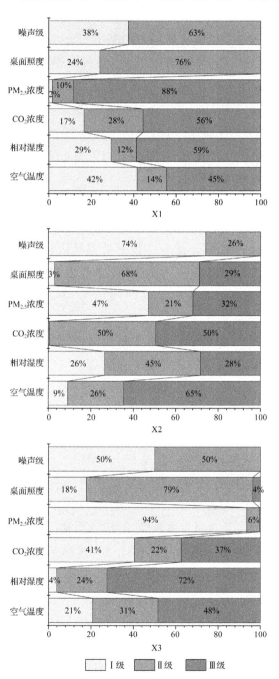

图 6.3　学校建筑各项环境参数等级分布情况

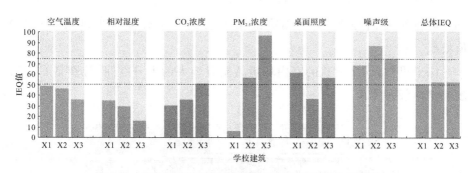

图 6.4　学校建筑各分项 IEQ 和综合 IEQ 诊断分析结果

桌面照度方面,两个二星级的学校建筑 X1 和 X3 整体照度环境要明显优于一星级的学校建筑 X2。

声环境方面,X1 建筑声环境最差,主要是因为 X1 建筑紧邻交通主干道,室外交通噪声干扰大。X2 和 X3 建筑噪声级 IEQ 值大于等于 50,说明建筑室内声环境满意度较高。

综合来看,三个学校各分项环境性能不一,但整体性能差距较小。学校建筑中室内温度、相对湿度和 CO_2 浓度长期处于Ⅲ级水平,相应的使用者满意度较低,在后期性能提升中应予以重点关注。

6.1.3　绿色博览建筑

以 BL1 和 BL2 两栋绿色博览建筑为对象,选取第 2 章中获取的夏季、过渡季以及冬季各两周室内环境监测数据,采用第 4 章的室内环境品质评价模型计算得到各项环境参数等级分布情况如图 6.5 所示。相应的分项 IEQ 和综合 IEQ 汇总于图 6.6。

两栋博览建筑中,BL1 建筑室内综合 IEQ 为 57,明显优于 BL2 建筑(49)。

热环境方面,BL1 建筑室内空气温度 IEQ 值明显低于 BL2 建筑。BL1 建筑内部存在层高接近 30m 的中庭空间,夏季和冬季建筑室内存在明显的温度分层现象,导致建筑内空气温度长期处于Ⅲ级环境中。

空气品质方面,BL2 建筑的 $PM_{2.5}$ 浓度 IEQ 值略优于 BL1 建筑。BL1 建筑内部参观人流量更小,因此 CO_2 浓度 IEQ 值大幅度优于 BL2 建筑。

光环境方面,BL1 建筑的照度 IEQ 值明显低于 BL2 建筑。主要是因为 BL1 建筑体量更大,展厅未对外采光,仅依靠人工照明来调节室内光环境。BL2 中展厅直接对外采光,整体照度水平更高。

声环境方面,BL2 建筑由于长期有大量人流参观,同时室内的展陈设备和音响持续发出噪声,室内噪声级水平长期处于较高水平,噪声级 IEQ 值极低。

综上可知,BL2 建筑的室内环境品质有较大的提升空间,特别是 CO_2 浓度和噪声级两方面。

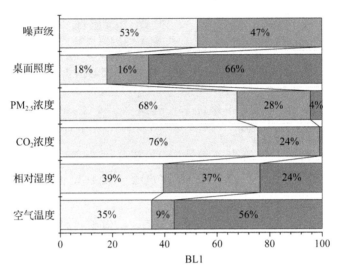

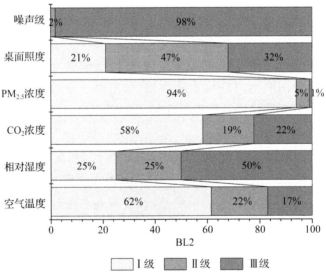

图 6.5 博览建筑各项环境参数等级分布情况

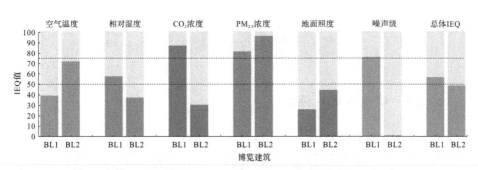

图 6.6 博览建筑各分项 IEQ 和综合 IEQ 诊断分析

6.1.4 室内环境品质与绿色建筑星级的关系

本研究中所选择的绿色建筑案例均通过 2006 版和 2014 版《绿色建筑评价标准》的设计或运行阶段评价,并通过了相应的绿色建筑认证。进一步分析室内环境品质与绿色建筑星级之间的关系,分别统计不同星级建筑的综合 IEQ 结果。

9 个绿色公共建筑案例的综合 IEQ 值分星级对比结果如图 6.7 所示。结果表明星级越高的建筑整体表现出更好的综合 IEQ 值,但该优势并不明显。从平均值上看,三星级的绿色建筑室内环境品质性能比二星级的绿色建筑提升了约 5%。由于本研究中建筑案例较为有限,未来仍需要继续扩大建筑样本,从而得到更加准确的结论。

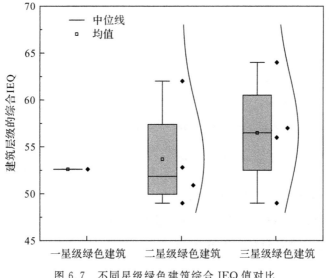

图 6.7 不同星级绿色建筑综合 IEQ 值对比

6.2 建筑性能后评估的案例分析

6.2.1 建筑性能后评估

6.2.1.1 办公建筑

以 B1－B4 四栋办公建筑为例,对归一化后的综合 IEQ 和归一化后的单位面积总能耗进行评级,结果如图 6.8 所示。B4 办公建筑被评为 A 级,B1 被评为 B 级,B2 和 B3 建筑被评为 C 级。四个案例建筑中,B3 建筑的 BEE 值最低,B4 建筑的 BEE 值最高。

6.2.1.2 学校建筑

本章研究所选择的三所学校建筑中,X3 为某大学教学楼,X1 和 X2 为普通初中教学楼。对归一化后的综合 IEQ 和归一化后的单位面积总能耗进行评级,结果如图 6.9 所示。X2 建筑被评为 A 级,X1 和 X3 建筑被评为 B 级。从 BEE 值上看,三栋建筑的运行性能十分接近。

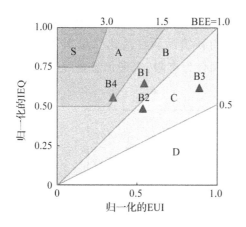

图 6.8　四栋绿色办公建筑性能后评估结果

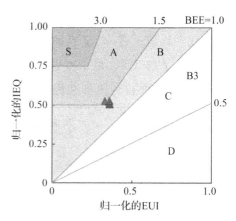

6.9　三栋绿色学校建筑性能后评估结果

6.2.2 分项环境性能后评价

以分项能耗数据最为完整的 B1、B2 以及 B4 三栋绿色办公建筑为例,对空调能耗与温度 IEQ 值及照明能耗与桌面照度 IEQ 值开展综合性能评价。

6.2.2.1 空调能耗与温度 IEQ

由于空调仅在夏季和冬季运行,因此计算温度 IEQ 值时仅考虑夏季和冬季的室内空气温度数据。同时基于使用时长对空调能耗进行修正。对归一化后的温度 IEQ 和归一化后的单位面积空调修正能耗进行评级,结果如图 6.10 所示。B1 和 B4 建筑被评为 B 级,B2 建筑被评为 C 级。

随着空调能耗的增加,建筑内温度 IEQ 也随之增加。从 BEE 值上看,B1 建筑运行性能最佳,BEE 值为 1.2。B4 建筑运行性能次之,BBE 值为 1.1。B2 建筑运行性能最差,BEE 值仅为 0.9,后期应予以重点关注。

6.2.2.2 照明能耗与照度 IEQ

所选建筑照明灯具全年持续运行,因此计算照度 IEQ 值时统计了夏季、过渡季以及冬季的所有数据。首先根据表 5.14 基于使用时长对照明能耗进行修正,然后对归一化后的照度 IEQ 值和归一化后的单位面积照明修正能耗进行评级,结果如图 6.11 所示。B1 和被评为 A 级,B4 建筑被评为 B 级,B2 建筑被评为 C 级。B2 建筑的照明能耗最高,但是产出的照度 IEQ 值却最低,相应的 BEE 值最低仅为 0.9。后续应重点关注 B2 建筑的照明性能。

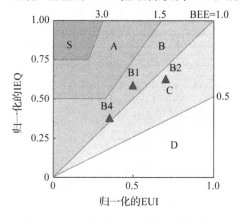

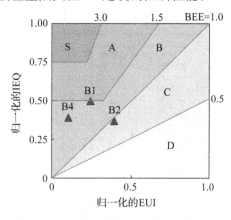

图 6.10 三栋绿色办公建筑空调能耗与·＋温度 IEQ 综合性能诊断结果

图 6.11 三栋绿色办公建筑照明能耗与照度 IEQ 综合性能诊断结果

6.3 绿色公共建筑性能监测、评价及展示系统

在建筑运行过程中,运维管理人员借助于现有的建筑管理系统,多数情况下仅能了解到不同房间内的部分室内环境参数(陈滨等,2018)以及能耗的原始数值。由于室内环境品质受多种室内环境参数共同影响,简单的数值结果难以直接为运行调节提供指导,对室内环境性能以及综合运行性能的评价高度依赖运维管理人员的专业判断。因此运行性能后评估方法在建

筑运行过程中具有较强的应用价值。

第 6.1—6.2 节通过采集夏季和冬季两个典型周的室内环境数据以及全年的能耗数据,对案例建筑运行性能开展了综合评价,筛选出了实际运行中存在的不佳工况。但该过程需要消耗大量的人力和物力,且由于仪器设备的数量限制,难以对所有案例建筑开展全年动态的性能评价。在使用人数的调研过程中,工作人员的数量随着时间不断变化,人工统计只能根据经验或短时间内的调研结果进行估计。上述难点限制了运行性能后评估方法在绿色公共建筑中的大规模推广。

为了更准确及时地对建筑室内环境品质和运行能耗进行综合性能评价,并给出性能诊断建议,为运维管理人员开展室内环境调控提供指导。本研究基于第 4—6 章的研究内容,结合物联网技术设计了一套绿色公共建筑运行性能实时监测、评价以及展示系统,如图 6.12 所示。

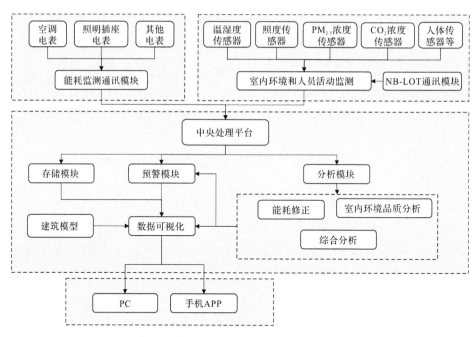

图 6.12 绿色公共建筑运行性能实时监测、评价及展示系统框架

该系统主要工作流程如下:

(1)在系统中预设楼宇的基本信息,包括建筑类型、地点、房间面积、布局、楼层组织等基本信息。

(2)在楼宇的各个典型房间内设置室内环境参数传感器、人体传感器以及分项电表,实时采集建筑各典型空间中的室内环境参数、人员在室情况和能耗数据,并将室内环境参数以及人员在室情况通过 NB-LOT 通信模块传输至中央处理平台,能耗数据通过有线传输至中央处理平台(见图 6.13)。

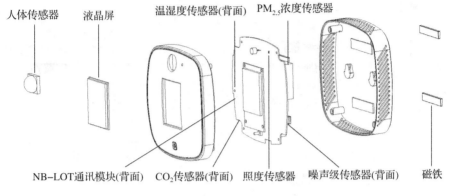

图 6.13　室内环境参数及人体感应一体化监测设备

(3)在中央处理平台,根据本研究提出的室内环境参数分级结果,实时计算不同房间内不同室内环境参数的分级分布情况(见图 6.14)。

(4)根据式(4.2)实时计算建筑中每个房间的室内分项环境品质分级比例以及各分项环境的评价结果。

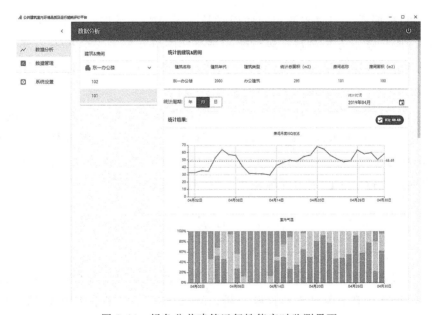

图 6.14　绿色公共建筑运行性能实时监测界面

（5）预设建筑内部每个房间的面积权重。加权计算房间层级和建筑层级的室内环境品质评价结果（见图6.15）。

图 6.15　绿色公共建筑运行性能实时评价、展示界面

（6）根据系统实时监测到的使用时长和人员在室数据，采用本研究提出的运行能耗修正方法对建筑运行能耗进行实时修正。通过分析室内环境品质和建筑总能耗结果，根据运行性能综合评价方法实时计算建筑整体的能效系数 BEE，并输出建筑综合运行性能评级。

该系统基于物联网技术，实现了对室内环境参数以及人员在室情况的精确统计，提升了运行能耗修正结果的精确度。具有室内环境品质综合评价、能耗修正仪、运行性能综合评价以及环境参数智能预警等功能，可以为建筑在运行过程中的室内环境调控和性能诊断提供指导。

6.4　本章小结

本章节应用了前文提出的绿色公共建筑性能后评估方法，对典型绿色公共建筑案例开展综合性能诊断分析，详细说明了运行性能后评估的流程，得到了办公、学校以及博览三类案例建筑中室内环境品质性能的评价结果，筛选出案例建筑中存在的性能不佳工况。结果表明不同星级绿色建筑的综合 IEQ 对比结果表明,更高星级的建筑带来更优的总体环境,但提升优势不明显。

最后针对人工调研出现的室内环境及人员活动数据获取难度大、准确性不足,综合评价方法难以大规模推广,以及现有的建筑运行管理平台无法给出室内环境品质以及综合性能的诊断结果等问题,基于物联网技术构建了一套绿色公共建筑运行性能监测、评价和展示系统,为建筑内开展准确和实时的运行性能评价提供了操作工具。

本章研究成果可以为建筑业主和相关政府部门提供绿色公共建筑运行性能评价的操作工具,为绿色建筑大规模发展提供理论支持和技术指导。

第7章 结论及展望

7.1 结论

    针对现阶段绿色公共建筑性能后评估缺少全面的数据支撑;绿色公共建筑室内环境现状及其对使用者满意度的影响不明晰;受运行过程中环境参数时空变化、用能强度差异等因素影响,室内环境品质评价模型以及运行性能后评估方法不完善等问题,本书以夏热冬冷地区 16 个绿色公共建筑的使用者满意度、室内环境以及实际运行能耗数据为基础,开展绿色公共建筑性能后评估方法研究。主要研究内容和结论如下:

    (1)提出了综合性的绿色建筑性能后评估数据收集方法,并以夏热冬冷地区的公共建筑为例开展了运行性能数据收集,建立了大规模、长周期、多类型、多维度的绿色建筑性能后评估数据库。数据库主要覆盖了浙江地区 16 栋绿色公共建筑(涵盖了办公、学校及博览),积累了 100 余万条多类型长周期的室内环境参数数据、3000 余份使用者对各个季节室内环境的回顾性满意度问卷、即时点对点满意度问卷和 60 余栋公共建筑的全年实际用能数据。基于数据库,研究剖析了夏热冬冷地区办公、学校以及博览绿色建筑中使用者满意度、室内环境及运行能耗三方面运行性能现状。研究发现绿色公共建筑秋冬季室内温度、$PM_{2.5}$ 浓度普遍难以达标,其他室内环境参数基本达到了设计标准的要求,普遍存在室内空气品质、声环境满意度偏低的情况。长期监测结合回顾性满意度调研结果表明,使用者满意率与环境参数达标率并没有显著的相关关系,并且室内环境参数在时间以及不同空间上的差异很大。能耗方面,不同使用时长和人员密度的建筑运行能耗差异非常大,在性能后评估中需要根据使用情况对能耗进行修正。

    (2)建立了夏热冬冷气候条件下实际运行环境下实时室内环境参数与

使用者满意度的关联关系。基于即时点对点现场测试方法,获取了 1758 组主观满意度和客观室内环境参数一一对应的数据,采用回归分析方法建立了包括声、光、热及空气品质多因素室内环境参数和使用者满意度的关联模型,总结得到波动及单调两类变化关系。采用多元回归分析方法,建立了分项满意度和总体满意度的关联模型,明确了不同类型建筑室内环境控制的侧重点。研究成果可以为室内环境品质评价模型提供分级标准和权重依据。

(3)根据室内环境参数与使用者满意度的关系,确定了办公、学校及博览建筑中空气温度、相对湿度、CO_2 浓度、$PM_{2.5}$ 浓度、照度以及噪声级 6 种室内环境参数的分级标准,建立了覆盖参数齐全、考虑时空差异的公共建筑室内环境品质评价模型,并以主观满意度为基准验证了模型的准确性。该模型依据使用者满意度确定各项环境参数的分级标准及权重,发现 $PM_{2.5}$ 浓度是影响室内空气品质满意度的主导因素,其权重值高于 CO_2 浓度。该模型适用于短期/长周期、单一空间/多空间的室内环境品质量化评价。在评价长周期、多空间的室内环境品质时,与现有的平均值代入法和达标率法相比,结果与使用者满意度的吻合度提高了 7% 以上。

(4)针对使用强度差异引起的运行能耗难以直接准确评价的难点,研究采用能耗模拟方法优化了基于使用强度的办公建筑实际运行能耗修正方法。结果表明《民用建筑能耗标准 GB/T51161—2016》中对人均建筑面积的修正高估了人均建筑面积对建筑能耗的影响。结合已有研究总结得到办公和学校建筑运行能耗修正方法,并提出了办公、学校和博览建筑运行能耗的归一化方法。

(5)以 CASBEE 的 Q/L 评价模型为基础,结合室内环境品质评价、分级方法以及建筑能耗归一化方法,提出了绿色公共建筑性能后评估方法。基于该方法及物联网技术构建了一套包含室内环境性能及建筑能耗的公共建筑运行性能监测、评价及展示系统。应用性能后评估方法,对浙江地区办公、学校以及博览三类绿色公共建筑开展了室内环境品质和运行能耗综合性能评价,筛选出了实际运行过程中软硬件存在的不佳工况。不同星级绿色建筑的综合室内环境品质对比结果表明,更高星级的建筑带来更优的总体环境,但提升优势不明显。

7.2 创新点

(1)采用即时点对点现场测试方法,采集了 1758 组室内环境参数和使用者满意度一一对应的数据,揭示了夏热冬冷气候下建筑运行过程中空气温度、相对湿度、CO_2 浓度、$PM_{2.5}$ 浓度、照度以及噪声级与使用者满意度之间的变化规律。该成果可以为夏热冬冷地区室内环境参数分级提供依据,并为基于使用者满意度的室内环境参数设计和运行调控提供参考。

(2)基于使用者满意度,提出了实际运行环境下室内环境参数的分级标准,并建立了覆盖参数齐全、考虑时空差异的公共建筑室内环境品质评价模型,并以主观满意度为基准对验证了模型的准确性。该模型可以灵活适用于办公、学校及博览建筑中短期/长周期、单一空间/多空间的室内环境品质评价。研究成果可以为夏热冬冷地区室内环境参数相关标准的制定提供有价值的参考,并为公共建筑室内环境品质评价和使用者满意度提升提供技术支撑。

(3)结合分项能耗与使用强度的关系,完善了公共建筑能耗修正方法,提出了办公、学校及博览建筑能耗归一化方法,统一了不同公共建筑的能耗对比基准。以 CASBEE 的 Q/L 评价模型为基础,结合室内环境品质评价、分级方法以及建筑能耗归一化方法,提出了绿色公共建筑性能后评估方法。基于该方法及物联网技术构建了一套嵌入建筑运行过程的性能实时监测、评价和展示系统。研究成果为建筑业主和相关政府部门提供了准确和实时的绿色公共建筑运行性能评价工具,为绿色建筑大规模、高质量发展提供理论支持和技术指导。

7.3 不足与展望

研究以浙江地区办公、学校及博览建筑三类建筑为典型样本,开展了绿色公共建筑性能后评估研究。考虑到夏热冬冷地区内部存在气候差异以及使用者背景的差异,本研究主观满意度和客观环境参数关联关系的适用范围建议仅限于浙江及气候相似地区。将来的工作可重点关注如下两点:

(1)进一步扩充绿色公共建筑性能后评估数据库,覆盖更广的地域和更多的建筑类型,如应进一步考虑酒店、商业、体育场馆、医院以及交通枢纽等大中型公共建筑,进一步剖析不同气候下不同类型绿色公共建筑的实际运行性能特点及室内环境与满意度之间的关联性,为准确评估不同气候下不同类型公共建筑中的室内环境品质和运行能耗提供支撑。

(2)基于本研究构建的绿色公共建筑运行性能监测、评价和展示系统,在实际建筑中开展小范围应用,检验该系统在建筑性能评价应用中的实际效果。

参考文献

［1］Al-Horr Y,Arif M,Kaushik A,et al.,2016. Occupant Productivity and Office Indoor Environment Quality：A Review of the Literature［J］. Building and Environment,105：369-389.

［2］Altomonte S,Schiavon S,Kent M G，et al.,2017. Indoor Environmental Quality and Occupant Satisfaction in Green-Certified Buildings［J］. Building Research & Information，47：255-274.

［3］American Society of Heating and Air Conditioning Engineers,2010. ASHRAE 55 Thermal Environmental Conditions for Human Occupancy ［S］. American Society of Heating，Refrigerating and Air-Conditioning Engineers，Inc.；Atlanta.

［4］Arens E，Brager G，Goins J，et al.,2011. Learning from Buildings：Technologies for Measuring，Benchmarking，and Improving Performance［C］. Proceedings of USGBC Greenbuild Conference，Toronto.

［5］Bakar N N A，Hassan M Y，Abdullah H，et al.,2015. Energy Efficiency Index as an Indicator for Measuring Building Energy Performance［J］. Review. Renewable and Sustainable Energy Reviews，44：1-11.

［6］Bennett J E，Tamura-Wicks H，Parks R M，et al.,2019. Particulate Matter Air Pollution and National and County Life Expectancy Loss in the USA：A Spatiotemporal Analysis［J］. Plos Med,16：E1002856.

［7］Bluyssen P M，Aries M，Van Dommelen P,2011. Comfort of Workers in Office Buildings：The European Hope Project［J］. Building and Environment，46：280-288.

［8］BP,2020. Statistical Review of World Energy 2020 (69th Edition)［R］；London.

［9］BRE Global Limited,2016. BREEAM In-Use-Manual-Chinese［R］. Bre Global Limited.

［10］Building Use Studies, 2017. Bus Methodology − About［EB/OL］. (2017-01-01)［2023-03-01］. https：//busmethodology. org. uk/about. html.

［11］Buratti C, Belloni E, Merli F, et al. ,2018. A New Index Combining Thermal, Acoustic, and Visual Comfort of Moderate Environments in Temperate Climates［J］. Building and Environment,139：27-37.

［12］Candido C, De Dear R, Thomas L, et al. ,2012. BOSSA-Building Occupants Survey System Australia［C］. Australian and New Zealand Architectural Science Association（Anzasca）Annual Conference, Griffith University.

［13］Cao B, Ouyang Q, Zhu Y, et al. ,2012. Development of a Multivariate Regression Model for Overall Satisfaction in Public Buildings Based on Field Studies in Beijing and Shanghai［J］. Building and Environment, 47：394-399.

［14］Catalina T, Iordache V, 2012. IEQ Assessment on Schools in the Design Stage［J］. Building and Environment, 49：129-140.

［15］CBECS, 2012. Commercial Buildings Energy Consumption Survey (CBECS) Trends in Lighting in Commercial Buildings［EB/OL］. (2017-06-17)［2023-03-01］. https：//www. eia. gov/consumption/ commercial/reports/2012/lighting/? src＝〈Consumption Commercial Buildings Energy Consumption Survey (CBECS)-b1.

［16］Center for the Built Environment, 2019. Occupant Survey Toolkit ［EB/OL］. (2019-06-10)［2023-04-01］. https：//cbe. berkeley. edu/ resources/ occupant-survey/.

［17］Chiang C M, Lai C M,2002. A Study on the Comprehensive Indicator of Indoor Environment Assessment for Occupants' Health in Taiwan ［J］. Building And Environment, 37：387-392.

［18］Chiang C M, Chou P C, Lai C M, et al. ,2001. A Methodology to Assess the Indoor Environment in Care Centers for Senior Citizens ［J］. Building and Environment, 36：561-568.

［19］Choi J H，Loftness V，Aziz A，2012. Post-Occupancy Evaluation of20 Office Buildings as Basis for Future IEQ Standards and Guidelines［J］. Energy and Buildings，46：167-175.

［20］Clausen G，Carrick L，Fanger P O，et al. ，1993. A Comparative Study of Discomfort Caused by Indoor Air Pollution，Thermal Load and Noisec［J］. Indoor Air，（3）：255-262.

［21］Dodge Data & Analytics，2018. World Green Building Trends 2018 ［R］. Bedford.

［22］European Committee for Standardization，2007. EN 15251：2007 Indoor Environmental Input Parameters for Design and Assessment of Energy Performance Of Buildings Addressing Indoor Air Quality，Thermal Environment，Lighting and Acoustics ［S］. Brussels.

［23］European Environment Agency，2018. Air Quality in Europe —2018 Report ［ R ］. Publications Office of the European Union，Luxembourg.

［24］Europeran Committee for Standardization，2007. EN 15217：2007 Energy Performance of Bulidings — Methods for Expressing Energy Performance and for Energy Certification of Bulidings ［S］. London.

［25］Fanger O，2006. What is IAQ? ［J］. Indoor Air，16：328-334.

［26］Fard S A，2006. Post Occupancy Evaluation of Indoor Environmental Quality in Commercial Buildings：Do Green Buildings Have More Satisfied Occupants? ［ D ］. University of California，Berkeley：California.

［27］Fassio F，Fanchiotti A，Vollaro R，2014. Linear，Non-Linear And Alternative Algorithms in The Correlation of IEQ Factors with Global Comfort：a Case Study［J］. Sustainability，6：8113-8127.

［28］Finch W H，Finch M E H，2017. Multivariate Regression With Small Samples：A Comparison of Estimation Methods［J］. General Linear Model Journal，43：16-30.

［29］Frontczak M，Wargocki P，2011. Literature Survey on How Different Factors Influence Human Comfort in Indoor Environments ［ J ］. Building and Environment，46：922-937.

［30］Frontczak M，Schiavon S，Goins J，et al. ，2012. Quantitative Relationships Between Occupant Satisfaction and Satisfaction Aspects of Indoor Environmental Quality and Building Design［J］. Indoor Air，22：119-131.

［31］Ge J，Luo X，Hu J，et al. ，2015. Life Cycle Energy Analysis of Museum Buildings：A Case Study of Museums in Hangzhou［J］. Energy and Buildings,109：127-134.

［32］Ge J，Weng J，Zhao K，et al. ，2018. The Development of Green Building in China and an Analysis of the Corresponding Incremental Cost：A Case Study of Zhejiang Province［J］. Lowland Technology International,20(3)：321-330.

［33］Geng Y，Ji W，Lin B，et al. ，2017. The Impact of Thermal Environment on Occupant IEQ Perception and Productivity. Building and Environment［J］,121：158-167.

［34］Geng Y，Ji W，Wang Z，et al. ，2019. A Review of Operating Performance in Green Buildings：Energy Use，Indoor Environmental Quality and Occupant Satisfaction. Energy and Buildings［J］,183：500-514.

［35］Geng Y，Lin B，Zhu Y，2020. Comparative Study on Indoor Environmental Quality of Green Office Buildings with Different Levels of Energy Use Intensity［J］. Building and Environment,168：106482.

［36］Ghita S A，Catalina T，2015. Energy Efficiency Versus Indoor Environmental Quality in Different Romanian Countryside Schools ［J］. Energy and Buildings，92：140-154.

［37］Heinzerling D，Schiavon S，Webster T，et al. ，2013. Indoor Environmental Quality Assessment Models：A Literature Review and a Proposed Weighting and Classification Scheme［J］. Building and Environment，70：210-222.

［38］Huang L，Zhu Y，Ouyang Q，et al. ，2012. A Study on the Effects Of Thermal，Luminous，and Acoustic Environments on Indoor Environmental Comfort in Offices［J］. Building and Environment，49：304-309.

[39] Huizenga C，Zagreus L，Arens E，2003. A Web-Based Occupant Satisfaction Survey for Benchmarking Building Quality[EB/OL]. UC Berkeley：Center for the Built Environment. https：//escholarship. org/uc/item/0hs9x6gm

[40] Humphreys M A，2005. Quantifying Occupant Comfort：Are Combined Indices of the Indoor Environment Practicable? [J] Building Research & Information，33：317-325.

[41] Jain N，Burman E，Robertson C，et al.，2019. Building Performance Evaluation：Balancing Energy and Indoor Environmental Quality in a UK School Building. Building Services Engineering Research and Technology [J]，41：343-360.

[42] Jeong J，Hong T，Ji C，et al. 2016. Development of an Evaluation Process for Green and Non-Green Buildings Focused on Energy Performance of G-SEED and LEED[J]. Building and Environment，105：172-184.

[43] Khoshbakht M，Gou Z，Dupre K，et al.，2018. Occupant Satisfaction and Comfort in Green Buildings：A Longitudinal Occupant Survey in a Green Building in the Subtropical Climate in Australia [C]. Proceedings of the 52nd International Conference of the Architectural Science Association. Melbourne，371-381.

[44] Khovalyg D，Kazanci O B，Halvorsen H，et al.，2020. Critical Review of Standards for Indoor Thermal Environment and Air Quality[J]. Energy and Buildings，213：109819.

[45] Klepeis N E，Nelson W C，Ott W R，et al.，2001. The National Human Activity Pattern Survey (NHAPS). A Resource for Assessing Exposure to Environmental Pollutants [J]. Journal of Exposure Analysis and Environmental Epidemiology，11：231-252.

[46] Kong X，Lu S，Gao P，et al.，2012. Research on the Energy Performance and Indoor Environment Quality of Typical Public Buildings in the Tropical Areas of China[J]. Energy and Buildings，48：155-167.

[47] Lai A C K，Mui K W，Wong L T，et al.，2009. An Evaluation Model

for Indoor Environmental Quality (IEQ) Acceptance in Residential Buildings[J]. Energy and Buildings，41：930-936.

[48] Larsen T S, Rohde L, Jønsson K T, et al. ,2020. IEQ-Compass-A Tool for Holistic Evaluation of Potential Indoor Environmental Quality[J]. Building and Environment,172：106707.

[49] Lee J Y, Wargocki P, Chan Y H,et al. ,2019. Indoor Environmental Quality, Occupant Satisfaction, and Acute Building-Related Health Symptoms in Green Mark-Certified Compared with Non-Certified Office Buildings[J]. Indoor Air,29：112-129.

[50] Lee W L, Burnett J. ,2008. Benchmarking Energy Use Assessment of HK-BEAM, BREEAM And LEED[J]. Building And Environment, 43：1882-1891.

[51] Li Y, Chen X, Wang X, et al. ,2017. A Review of Studies on Green Building Assessment Methods by Comparative Analysis[J]. Energy and Buildings,146：152-159.

[52] Likert R,1932. A Technique for the Measurement of Attitudes[J]. Archives of Psychology,22 140： 55.

[53] Lin B, Liu Y, Wang Z, et al. ,2016. Measured Energy Use and Indoor Environment Quality in Green Office Buildings in China[J]. Energy and Buildings,129：9-18.

[54] Lucchi E,2016. Multidisciplinary Risk-Based Analysis for Supporting the Decision Making Process on Conservation, Energy Efficiency, and Human Comfort in Museum Buildings ［J］. Journal of Cultural Heritage,22：1079-1089.

[55] Luo M, Cao B, Damiens J, et al. ,2015. Evaluating Thermal Comfort in Mixed-Mode Buildings：A Field Study in a Subtropical Climate[J]. Building and Environment, 88：46-54.

[56] MacNaughton P, Spengler J, Vallarino J, et al. ,2016. Environmental Perceptions and Health Before and After Relocation to a Green Building[J]. Building and Environment,104：138-144.

[57] Marino C, Nucara A, Pietrafesa M, 2012. Proposal of Comfort Classification Indexes Suitable for Both Single Environments and

Whole Buildings[J]. Building and Environment, 57:58-67.

[58] Mendell M J, 2003. Indices for IEQ and Building-Related Symptoms [J]. Indoor Air, 13:364-368.

[59] Mochizuki E, Yoshizawa N, Munakata J, et al., 2012. Light Environment in Japanese Office Buildings After 3.11 Earthquake[C]. 10th International Conference on Healthy Buildings, 1:114-119.

[60] Mui K W, Chan W T, 2011. A New Indoor Environmental Quality Equation for Air-Conditioned Buildings [J]. Architectural Science Review, 48: 41-46.

[61] NABERS, 2019. NABERS Annual Report Fy18/19 [EB/OL]. https://nabers.info/annual-report/2018-2019/

[62] Nagano K, Horikoshi T, 2005. New Comfort Index During Combined Conditions of Moderate Low Ambient Temperature and Traffic Noise [J]. Energy and Buildings, 37:287-294.

[63] Ncube M, Riffat S, 2012. Developing an Indoor Environment Quality Tool for Assessment of Mechanically Ventilated Office Buildings in the UK-a Preliminary Study [J]. Building and Environment, 53: 26-33.

[64] Newsham G R, Birt B J, Arsenault C, et al., 2013. Do 'Green' Buildings Have Better Indoor Environments? New Evidence [J]. Building Research & Information, 41:415-434.

[65] Newsham G R, Mancini S, Birt B J, 2009. Do LEED-Certified Buildings Save Energy? Yes, But···[J]. Energy and Buildings, 41: 897-905.

[66] Nicol J F, Wilson M, 2011. A Critique of European Standard EN15251: Strengths, Weaknesses and Lessons for Future Standards [J]. Building Research & Information, 39:183-193.

[67] Park J, Loftness V, Aziz A, 2018. Post-Occupancy Evaluation and IEQ Measurements from 64 Office Buildings: Critical Factors and Thresholds for User Satisfaction on Thermal Quality[J]. Buildings, 8 (11):156.

[68] Pastore L, Andersen M, 2019. Building Energy Certification Versus

User Satisfaction with the Indoor Environment: Findings from a Multi-Site Post-Occupancy Evaluation (POE) in Switzerland[J]. Building and Environment,150:60-74.

[69] Pei Z, Lin B, Liu Y, et al. ,2015. Comparative Study on the Indoor Environment Quality of Green Office Buildings in China with a Long-Term Field Measurement and Investigation [J]. Building and Environment, 84:80-88.

[70] ASHRAE, CIBSE, 2010. Performance measurement protocols for commercial buildings[S]. American Society of Heating Refrrigerating and Air-Conditioning Engineers Inc, Atlanta, GA.

[71] Piasecki M, Kostyrko K, Pykacz S, 2017. Indoor Environmental Quality Assessment: Part1: Choice of the Indoor Environmental Quality Sub-Component Models[J]. Journal of Building Physics, 41: 264-289.

[72] Piasecki M, Kostyrko K B, 2018. Indoor Environmental Quality Assessment, Part2: Model Reliability Analysis [J]. Journal of Building Physics, 42:288-315.

[73] Preiser W F, Schramm U, 1997. Building Performance Evaluation [M]. Time Saver Standards (7th Edition). New York: Mcgraw Hill.

[74] Residovic C,2017. The New NABERS Indoor Environment Tool-The Next Frontier for Australian Buildings[J]. Procedia Engineering, 180:303-310.

[75] Rohde L, Jensen R L, Larsen O K, et al. ,2020. Holistic Indoor Environmental Quality Assessment as a Driver in Early Building Design[J]. Building Research & Information, 49:460-481.

[76] Rohde L, Steen Larsen T, Jensen R L, et al. ,2019. Determining Indoor Environmental Criteria Weights Through Expert Panels and Surveys[J]. Building Research & Information, 48:415-428.

[77] Sant'Anna D O, Dos Santos P H, Vianna N S, et al. 2018. Indoor Environmental Quality Perception and Users' Satisfaction of Conventional and Green Buildings in Brazil[J]. Sustainable Cities And Society, 43:95-110.

[78] Scofield J H,2009. Do LEED-Certified Buildings Save Energy? Not

Really...[J]. Energy and Buildings，(41):1386-1390.

[79] Shen C，Zhao K，Ge J，2020. An Overview of the Green Building Performance Database[J]. Journal of Engineering,2020:1-9.

[80] Sun Y，Kojima S，Nakaohkubo K，et al.，2023. Analysis and Evaluation of Indoor Environment，Occupant Satisfaction，and Energy Consumption in General Hospital in China[J]. Buildings,13(7):1675.

[81] Tahsildoost M，Zomorodian Z S,2018. Indoor Environment Quality Assessment in Classrooms: an Integrated Approach[J]. Journal of Building Physics，42:336-362.

[82] Tang H，Ding Y，Singer B,2020a. Interactions and Comprehensive Effect of Indoor Environmental Quality Factors on Occupant Satisfaction[J]. Building and Environment,167:106462.

[83] Tang H，Ding Y，Singer B,2020b. Post-Occupancy Evaluation of Indoor Environmental Quality in Ten Nonresidential Buildings in Chongqing，China[J]. Journal of Building Engineering，32:101649.

[84] The Chartered Institution of Building Services Engineers，2018. CIBSE-PROBE-Post Occupancy Studies [EB/OL]. (2018-10-07) [2022-09-01]. http://www. cibse. org/building-services/building-services-case-studies/probe-post-occupancy-studies.

[85] Thomas L,2020. What is bossa? [EB/OL]. (2020-09-13)[2022-10-01]. http://www. bossasystem. com/home. html.

[86] Turner C,2006. LEED Building Performance in the Cascadia Region a Post Occupancy Evaluation Report [R]. Cascadia Region Green Building Council.

[87] United States Environmental Protection Agency,2003. A Standardized EPA Protocol For Characterizing Indoor Air Quality in Large Office Buildings [R], Indoor Environment Division US EPA，Washington，DC.

[88] Wang D，Xu Y，Liu Y，et al.，2018. Experimental Investigation of the Effect of Indoor Air Temperature on Students' Learning Performance under the Summer Conditions in China [J]. Building and

Environment,140:140-152.

[89] Wargocki P, Wyon D P, Baik Y K, et al. ,1999. Perceived Air Quality, Sick Building Syndrome (SBS) Symptoms and Productivity in an Office with Two Different Pollution Loads[J]. Indoor Air, 9:165-179.

[90] Wei W, Wargocki P, Zirngibl J, et al. 2020. Review of Parameters Used To Assess the Quality of the Indoor Environment in Green Building Certification Schemes for Offices and Hotels[J]. Energy and Buildings,209:109683.

[91] Wong L T, Mui K W,2009. An Energy Performance Assessment for Indoor Environmental Quality (IEQ) Acceptance in Air-Conditioned Offices[J]. Energy Conversion and Management, 50:1362-1367.

[92] Wong L T, Mui K W, Hui P S,2008a. A Multivariate-Logistic Model for Acceptance of Indoor Environmental Quality (IEQ) in Offices[J]. Building and Environment, 43:1-6.

[93] Wong L T, Mui K W, Shi K L,2008b. Energy Impact of Indoor Environmental Policy for Air-Conditioned Offices of Hong Kong[J]. Energy Policy, 36:714-721.

[94] Wong L T, Mui K W, Tsang T W,2018. An Open Acceptance Model for Indoor Environmental Quality (IEQ) [J]. Building and Environment,142:371-378.

[95] World Health Organization, 2006. Air Quality Guidelines For Particulate Matter, Ozone, Nitrogen Dioxide and Sulphur Dioxide. Global Update 2005 [R], World Health Organization. Available from: http://www. euro. who. int/_data/assets/pdf_file/0005/786: e90038.

[96] Wu P, Mao C, Wang J, et al. ,2016. A Decade Review of the Credits Obtained by LEED V2. 2 Certified Green Building Projects [J]. Building and Environment,102:167-178.

[97] Yang W, Moon H J,2019. Combined Effects of Acoustic, Thermal, and Illumination Conditions on the Comfort of Discrete Senses and Overall Indoor Environment [J]. Building and Environment, 148: 623-633.

［98］Ye L，Cheng Z，Wang Q，et al.，2015. Developments of Green Building Standards in China[J]. Renewable Energy，73：115-122.

［99］Zhang Y，Wang J，Hu F，et al，2017. Comparison of Evaluation Standards for Green Building in China，Britain，United States[J]. Renewable and Sustainable Energy Reviews，68：262-271.

［100］蔡靓,2013.基于气候条件的居住建筑室内长期热环境评价方法研究[D].长沙:湖南大学.

［101］曹彬,朱颖心,欧阳沁,等,2010.公共建筑室内环境质量与人体舒适性的关系研究[J].建筑科学,26:126-130.

［102］陈滨,朱元彬,周敏,等,2018.居住建筑物联网室内健康环境实时监测系统构建及应用[J].暖通空调,48:91-96,109.

［103］陈曦,魏峥,李林涛,等,2019.建筑运行能耗评价比对方法及工具开发[J].建设科技,2019(18):25-30.

［104］方舟,2020.上海地区公共建筑运行期绿色性能评价方法研究[J].绿色建筑,12:20-24.

［105］桂雪晨,2019.基于人员主观评价的浙江绿色办公建筑运行性能提升研究[D].杭州:浙江大学.

［106］国家市场监督管理总局,国家标准化管理委员会,2022.GB/T 18883－2022 室内空气质量标准[S].北京:中国标准出版社.

［107］杭州文澜未来科技城学校,2018.杭州文澜未来科技城学校官网新闻[EB/OL].(2020-12-08)[2023-03-01]. http://www.hzwlkjcxx.com/view.php? id＝220.

［108］胡轩昂,2014.浙江省某高校建筑能耗评价指标及其能耗分析研究[D].杭州:浙江大学.

［109］胡振中,袁爽.2020.建筑能耗与环境监测系统标准化数据提取技术[J].清华大学学报(自然科学版),60(04):357.

［110］环境保护部,国家质量监督检验检疫总局,2012.GB 3095-2012 环境空气质量标准[S].北京:中国环境科学出版社.

［111］季柳金,许锦峰,徐楠,2009.能耗监测系统及分项计量技术的应用与研究[J].建筑节能,37:65-67.

［112］李怀,徐伟,于震,等,2017.某超低能耗办公建筑照明能耗分析[J].建筑科学,33:51-56.

[113] 李敏,2016.适用于中国地区的热舒适服装热阻的计算方法研究[D].北京:清华大学.

[114] 李永存,陈光明,唐黎明,2009.浙江省公共建筑能耗调查与节能对策分析[J].建筑节能,37:65-68.

[115] 林波荣,2015.《绿色建筑评价标准》——室内环境质量[J].建设科技,04:30-33.

[116] 刘菁,王芳,2017.办公建筑能耗影响因素与数据标准化分析[J].暖通空调,47:83-88,14.

[117] 刘鸣,吕琳,孙畅,等,2018.室内环境模糊综合评价标准及等级划分研究[J].低温建筑技术,40:109-112,124.

[118] 刘倩君,程晓喜,宋修教,等,2019.气候适应视角下的绿色公共建筑数据库研究及其定量分析框架构建[J].世界建筑,09:92-95,124.

[119] 刘彦辰,2018.绿色办公建筑能耗和室内环境品质实测与评价研究[D].北京:清华大学.

[120] 刘晓晖,2018.关于寒冷地区办公建筑环境能源效率的实证研究——以天津国投大厦为例[D].北京:北京建筑大学.

[121] 孟瑶,牟迪,曹彬,等,2020.温和地区自然通风办公建筑的实际热环境评价研究[J].建筑节能,48:27-32,45.

[122] 那威,刘俊跃,武涌,等,2009.国家大型公共建筑能耗监测系统城市级平台建设目标识别与框架研究[J].暖通空调,39(10):4-8.

[123] 裴祖峰,2015.绿色办公建筑运行性能后评估实测与研究[D].北京:清华大学.

[124] 上海市质量技术监督局,2014a.DB 31/T 783-2014 高等学校建筑合理用能指南[S].北京:中国标准出版社.

[125] 上海市质量技术监督局,2014b.DB 31/T 795-2014 综合建筑合理用能指南[S].北京:中国标准出版社.

[126] 上海市质量技术监督局,2015a.DB 31/ T554-2015,大型公共文化设施建筑合理用能指南[S].

[127] 上海市质量技术监督局,2015b.DB 31/ T550—2015,上海市机关办公建筑合理用能指南[S].

[128] 商继红,朱能,马培尧,2018.北京市昌平区绿色办公建筑运行状况调研与评估[J].暖通空调,48:50-55,17.

［129］唐文龙,沈俊杰,龚延风.2018.南京市中小学校园建筑能耗定额的研究［J］.建筑热能通风空调,37(12):22-27.

［130］王汛枫.2020.基于可拓学的既有公共建筑综合性能评价研究［J］.建筑热能通风空调,39(2):40-44.

［131］王利珍,张颖,杨建荣,2018.绿色建筑能耗基准线计算方法和模型综述［J］.绿色建筑,10:44-46,49.

［132］魏庆芃,2017.《民用建筑能耗标准》的约束值和引导值［J］.建设科技,(2):54-55.

［133］魏峥,2019.公共建筑运行能耗综合比对评价方法研究［D］.北京:中国建筑科学研究院.

［134］肖娟,2012.绿色公共建筑运行性能后评估研究［D］.北京:清华大学.

［135］谢梃蕴,1992.考量健康风险评估之室内空气质量指针之研拟［D］.台北:台北科技大学.

［136］徐强,支建杰,吴蔚沁,等,2019.2018年上海市公共建筑能耗监测平台能耗数据分析［J］.上海节能,(7):553-557.

［137］伊香贺俊治,彭渤,崔惟霖,2010.建筑物环境效率综合评价体系CASBEE最新进展［J］.动感(生态城市与绿色建筑),(3):20-23.

［138］喻伟,2011.住宅建筑保障室内(热)环境质量的低能耗策略研究［D］.重庆:重庆大学.

［139］喻伟,2019.基于能耗限额的夏热冬冷地区住宅建筑室内热环境营造节能技术方案［J］.建筑节能,47(10):23-25.

［140］张明慧,2018.上海市公共机构合理用能指南在公共建筑节能领域的应用研究［J］.上海节能,(6):395-398.

［141］张崎,2014.办公建筑运行使用模式调研与模拟方法研究［D］.北京:清华大学.

［142］张时聪,徐伟,魏峥,2011.美国"能源之星——建筑集群管家"［J］.建设科技,12:29-31.

［143］张炜,2013.夏热冬暖地区绿色示范建筑的实践运营分析——以深圳建科大楼为例［J］.建筑技艺,(2):86-93.

［144］张文彤,董伟,2004.SPSS统计分析高级教程［M］.北京:高等教育出版社.

［145］张颖,韩继红,廖琳,等,2019.第三代绿色建筑的创新与实践——以上

海建科院莘庄十号楼为例[J].建设科技,12:37-42.

[146]张颖,杨建荣,王瑞璞,2014.上海市建筑科学研究院莘庄综合楼绿色建筑运行效果研究[J].暖通空调,44(11):1-7.

[147]赵鹏,2018.中国绿色建筑突破10亿平方米[EB/OL].北京日报.http://www.xinhuanet.com/politics/2018-06/30/c_1123057993.htm.

[148]赵群,龚敏,咸真珍,等,2011.2011年全国绿色建筑创新奖二等奖——杭州市综合办公楼绿色改造技术[J].建设科技,09:63-65.

[149]浙江省人民政府,2014.浙江省实施《公共机构节能条例》办法[EB/OL].（2022-10-11）[2023-02-01].https://jgswj.zj.gov.cn/art/2022/10/11/art_1229561476_2431923.html.

[150]浙江省统计局,2020.浙江省分地区生产总值[EB/OL].（2022-02-27）[2023-03-01].http://data.tjj.zj.gov.cn/page/zbcx/zbDetail.jsp?itemUrn=6ec13e79-d0d9-468f-9cd3-abfe066b0d1a&orgCode=33.

[151]中国城市科学研究会,2019.中国绿色建筑2019[M].北京:中国建筑工业出版社.

[152]中国建筑节能协会,2021.中国建筑能耗研究报告2020[J].建筑节能（中英文）,49:1-6.

[153]中国建筑学会,2017.T/ASC02-2016健康建筑评价标准[S].北京:中国建筑工业出版社.

[154]中华人民共和国国家质量监督检验检疫总局,中国国家标准化管理委员会,2017.GB/T 34913-2017民用建筑能耗分类及表示方法[S].北京:中国标准出版社.

[155]中华人民共和国住房和城乡建设部,2012.GB 50736-2012民用建筑供暖通风与空气调节设计规范[S].北京:中国建筑工业出版社.

[156]中华人民共和国住房和城乡建设部,2013a.GB 50034-2013建筑照明设计标准[S].北京:中国建筑工业出版社.

[157]中华人民共和国住房和城乡建设部,2013b.GB/T 50801-2013可再生能源建筑应用工程评价标准[S].北京:中国建筑工业出版社.

[158]中华人民共和国住房和城乡建设部,2016.GB/T51161-2016民用建筑能耗标准[S].北京:中国建筑工业出版社.

[159]中华人民共和国住房和城乡建设部,中华人民共和国国家质量监督检验检疫总局,2010.GB 50118-2010民用建筑隔声设计规范[S].北京:

中国建筑工业出版社.

［160］周尚前,2018.国内外建筑能耗标准差异性分析[J].建筑热能通风空调,37:25-28.

［161］周正楠,2017.实际性能导向的建筑环境能源效率综合量化评价体系研究——以寒冷地区公共机构办公建筑为例[J].天津大学学报(社会科学版),19:232-240.

［162］朱赤晖,2014.室内环境的舒适性评价与灰色理论分析研究[D].长沙:湖南大学.

［163］住房和城乡建设部"绿色建筑效果后评估与调研分析"课题组,2014.我国绿色建筑使用后评价方法研究及实践[J].建设科技,16:28-32.

附录 1

本书主要符合对照表和物理量说明

附表 1　主要符号对照

BEE	建筑环境性能（building environment efficiency）
BOSSA	澳大利亚建筑使用者调研系统（building occupants survey system Australia，BOOSA）
BPE	建筑性能评价（building performance evaluation）
BRE	英国建筑研究院（building research establishment）
BREEAM	英国绿色建筑评估体系（building research establishment environmental assessment method，BREEAM）
BUS	建筑使用研究（building use studies）
CASBEE	日本建筑物综合环境性能评价体系（comprehensive assessment system for building environmental efficiency，CASBEE）
CBE	建成环境研究中心（the center for the built environment）
EEE	环境能源效率（environmental energy efficiency）
L	负荷（load）
LEED	美国绿色建筑评估体系（leadership in energy and environmental design，LEED）
PMP	性能测试方案（performance measurement protocols）
PROBE	建筑工程使用后评估（post-occupancy review of building engineering）
Q	性能（quality）
NABERS	澳大利亚建成环境评价系统（national Australian built environment rating system，NABERS）

附表 2 物理量说明

A	建筑实际使用面积，m^2
C_{CO2}	CO_2 浓度，ppm
$C_{PM2.5}$	$PM_{2.5}$ 浓度，$\mu g/m^3$
D	室内环境参数达标率，%
d_i	测点数据达标与否的判定结果，（—）
E	建筑总能耗，kWh
E_{ac}	年单位面积空调能耗，$kWh/(m^2 \cdot a)$
E'_{ac}	年单位面积空调能耗修正值，$kWh/(m^2 \cdot a)$；
E_{light}	年单位面积照明能耗，$kWh/(m^2 \cdot a)$
E'_{light}	年单位面积照明能耗修正值，$kWh/(m^2 \cdot a)$
E_{limit}	年能耗合理值，$kWh/(m^2 \cdot a)$
E_o	年单位面积能耗实测值，$kWh/(m^2 \cdot a)$
E_{oc}	年单位面积能耗修正值，$kWh/(m^2 \cdot a)$
EUI'	归一化的单位面积能耗，（—）
I	照度，lx
IEQ	室内环境品质（Indoor Environment Quality），（—）
IEQ'	归一化的分项室内环境品质或综合室内环境品质，（—）
L_A	等效 A 声级，dB
PMV	平均热感觉指数（Predicted Mean Vote），（—）
P_{air}	空气品质不满意率，%
P_{noise}	声环境不满意率，%
P_{light}	光环境不满意率，%
P_{RH}	湿度不满意率，%
P_{temp}	温度不满意率，%
q	累计时间，（—）
m	分级比例，（—）
M	室内环境参数测试数据量，（—）
S_{air}	空气品质满意度投票，（—）
S_{noise}	声环境满意度投票，（—）
S_{light}	光环境满意度投票，（—）
S_{temp}	温度满意度投票，（—）
S_{RH}	湿度满意度投票，（—）
t	空气温度，℃
w	分项环境参数权重值，（—）
γ_1	年使用时长修正系数，（—）
γ'_{1-AC}	空调能耗年使用时长修正系数，（—）
$\gamma'_{1-light}$	照明能耗年使用时长修正系数，（—）
γ_2	人均建筑面积修正系数，(f)
γ'_2	优化后的人均建筑面积修正系数，（—）
φ	相对湿度，%

附录 2

绿色建筑案例基本信息

B1 案例位于绍兴市越城区,于 2016 年投入使用。地上建筑面积 2.8 万平方米,地下建筑面积 1.1 万平方米。该建筑地上 22 层,地下 2 层。地下主要功能为停车场和附属用房。地上建筑中,1~3 层为入口大厅和商业用房,4 层为餐厅,5~22 层为办公区,23 层为健身房。该建筑获得了绿色建筑三星级运行标识。

B2 案例位于杭州市黄龙商圈,建筑面积为 7150 平方米,2009 年设计完成,2013 年投入使用。该建筑原为某大学教学楼,后改造为办公建筑使用。建筑共 5 层,一层主要功能为展厅、数据机房和管理办公用房。2~5 层为业务办公用房,含开放办公、隔间办公以及中小型会议室等。项目获得了绿色建筑二星级运行标识。

B3 案例位于杭州市滨江区,建筑面积为 22091 平方米,2015 年投入使用。该建筑地上五层,地下局部一层。建筑功能主要包括对外办公、展览、其他辅助功能及配套。该建筑获得了绿色建筑二星级设计标识。

B4 案例位于杭州市临安区,建筑面积为 3400 平方米,2015 年投入使用。建筑共计 3 层,首层为实验室,2~3 层为办公区。该建筑获得了绿色建筑三星级设计标识。

B5 案例位于杭州市西湖区,建筑面积为 5.5 万平方米,2016 年底投入使用。建筑主体由两栋主楼构成,东侧地上十五层、西侧地上八层。建筑分为 A 区、B 区,A 区为浙江省建筑科学设计研究有限公司主楼,共十五层,B 区为公司下属子公司,共八层。建筑主要功能为研究、实验中心、省建设科技推广中心等业务用房和办公用房,地面一层为 A 区 B 区门厅以及相应的展示空间,地下一层、地面三层、七层分别设置配套的餐厅、健身房、报告厅、接待、图书阅览等共享空间。地下二层、三层为车库、设备机房等附属用房。

该建筑获得了绿色建筑二星级运行标识。

B6 案例位于绍兴市嵊州市,建筑面积约为 3 万平方米,地下 1 层,地上 17 层。该项目以办公为主,首层有部分商业。2016 年底投入使用。该建筑获得了绿色建筑二星级设计标识。

B7 案例位于杭州市,项目于 1985 年建成,2005 年实施了绿色节能改造。建筑面积为 2.36 万平方米,其主体为两栋高层办公楼。该改造项目获得了绿色建筑二星级运行标识以及全国绿色建筑创新奖二等奖。

B8 案例位于杭州市,项目于 2018 年建成投入使用。建筑面积为 15 万平方米,其主体为两栋高层办公楼和一个游泳馆。

8 栋绿色办公建筑的围护结构及空调设备信息汇总于附表 1。B1 建筑空调系统同时采用了水源热泵和多联机中央空调(VRF)系统。B2 建筑空调系统同时采用了地源热泵和 VRF 系统。B3 建筑空调系统主要为地源热泵系统,仅在报告厅区域设置了全空气空调系统。B4 建筑冷热源均为园区集中区域供冷供热的换热站。园区能源站空调系统冷源为 5 台 1800RT 双工况机组(制冷、制冰),热源为 5 台燃气常压热水锅炉。

附表 1　绿色办公案例建筑围护结构及空调设备信息

案例建筑	体形系数	外墙传热系数 (W/(m² · K))	空调系统	空调性能
B1	0.2	0.69	水源热泵系统(1—19 层)+ VRF(20—22 层)	水源热泵系统 EER:4.2
B2	0.22	0.63	地源热泵系统(1—2 层)+ VRF(3—5 层)	地源热泵机组 COP≥5.5 VRF 系统 EER＞3.0
B3	0.16	0.70	地源热泵系统(主体功能)+ 全空气空调(报告厅)	制冷 EER:6.42 制热 COP:3.71
B4	0.31	0.69	1800RT 双工况机组＋燃气常压热水锅炉	制冷 EER:4.9 制冰 COP:3.8 热水锅炉能源效率:≥92.5%
B5	0.15	0.99	多联式空调系统	IPLV＞3.20
B6	0.19	0.66	多联式空调系统	IPLV＞3.20
B7	/	/	分体空调	/
B8	0.12	0.67	水冷离心式冷水机组与热回收水冷螺杆式冷水机组	IPLV:5.95(离心机组) 5.26(螺杆机组)

学校建筑中选择 X1、X2、X3 及 X4 作为分析案例,由于学校建筑中拥有多种类型的建筑单体,本研究只选取其教学楼建筑作为研究对象。X1 案例为一所公办初中,位于杭州市上城区。该学校于 2014 年建成并投入使用。总建筑面积为 7.1 万平方米。教学楼建筑一共三栋,主体 5 层,规划设计了 45 个教学班。该建筑获得了绿色建筑二星级运行标识。

X2 案例为一所公办初中,位于杭州市江干区。于 2010 年建成并投入使用。总建筑面积 2.3 万平方米。教学楼建筑单体为地上 6 层,地下 1 层。规划设计了 36 个教学班。该建筑获得了绿色建筑一星级设计标识。

X3 案例为某大学校园的教学楼,位于嘉兴海宁市。于 2018 年建成并投入使用。建筑主体为 6 层,该校园整体获得了我国绿色建筑二星级设计标识,该教学楼部分获得了"LEED O+M"铂金认证。

X4 案例为一所九年一贯制学校,位于杭州市余杭区。项目总建筑面积 4.5 万平方米,其中地上 4 层共 3.4 万平方米,地下 1 层共 1.1 万平方米。2015 年投入运行。目前共计招生 18 个班级,其中小学 12 个班,初中 6 个班,每个班学生约 35 人,加上教职工及其他服务人员,共计 700 余人。该项目获得了绿色建筑三星级运行标识。

四个案例建筑中教学楼单体的围护结构及空调设备信息汇总于附表 2,X1 和 X2 案例教学楼中每间教室均采用了分体式空调。X3 教学楼中教室采用 VRF 系统。X4 教学楼中教室采用地源热泵系统。

附表 2　绿色学校案例教学楼单体的围护结构及空调设备信息

案例建筑	体形系数	外墙传热系数/[W/(m²·K)]	教室内空调系统
X1	0.49	0.83	分体空调
X2	0.43	2.06	分体空调
X3	0.21	1.00	VRF 系统:IPLV≥4.41 ＋新风系统
X4	/	/	地源热泵系统

绿色博览建筑选择了 BL1、BL2、BL3 及 BL4 四个案例。其中 BL1 和 BL2 建筑位于杭州市。BL1 案例建筑面积约为 5 千平方米,2009 年竣工并投入使用,年均参观约 1 万人次。BL2 案例建筑面积为 3.4 万平方米,2011 年竣工并投入使用,年均参观人流约为 100 万人次。BL1、BL2 均为科普性

质的科技馆类建筑。BL3 和 BL4 位于绍兴市同一地块,功能分别为科技馆和文化馆。

4 栋博览建筑的围护结构及空调设备信息汇总于附表 3。空调系统均采用了地源热泵系统。建筑内部均设计有新风机组,来保障室内空气品质。

附表 3　绿色博览案例围护结构及空调设备信息

案例建筑	体形系数	外墙传热系数 /[W/(m² · K)]	空调系统	空调性能	空调末端形式
BL1	0.23	0.56	地源热泵系统	制冷 EER:6.42 制热 COP:6.89	辐射式
BL2	0.11	0.48	地源热泵系统	IPLV:8.05	对流式
BL3	0.190	0.59	地源热泵系统和螺杆式冷水机组	制热 COP:5.98 制冷 EER:5.20	全空气系统
BL4	0.14	0.73	地源热泵系统和离心式冷水机组	制热 COP:5.93 制冷 EER:5.73	全空气系统

附录 3

建筑基本信息调研表

调研时间_____   调研人员_____

案例建筑基本信息调研

基本信息	项目名称		项目地址	
	使用人数		建筑面积	
	用地面积		建筑层数	
	容积率		使用情况	□出租□自用
	设计单位		建设单位	
空调信息	空调型号		空调类型	
	空调性能系数		末端形式	
	供暖设定温度		供冷设定温度	
照明信息	照度设计值		照明功率密度	
	灯具类型			
用能信息	分项计量	□有□无	用能监测平台	□有□无
	全年总耗电量		供冷耗电量	
	供热耗电量		照明耗电量	
	插座耗电量		动力及其他耗电量	

附录 4

调研端记录表

室内环境参数定点测试

测试建筑：_____　　　测试时间：____年____月____日

季节：□春季　□夏季　□秋季　□冬季

室外环境：

空气温度：____℃，相对湿度：____％，风速：____m/s，CO_2浓度：____ppm，

$PM_{2.5}$浓度：____μg/m³，A声级：____dB，照度：____lx

室内环境：

测点编号					
房间号					
房间面积					
房间人数					
电脑数量					
台灯数量					
打印机					
灯具数量					
空间类型	□开放 □半开放 □独立	□开放 □半开放 □独立	□开放 □半开放 □独立	□开放 □半开放 □独立	□开放 □半开放 □独立
空气温度					
相对湿度					
照度					

测点编号					
$PM_{2.5}$浓度					
CO_2浓度					
风速					
噪声级					
开窗情况	□开□关	□开□关	□开□关	□开□关	□开□关
空调开启	□开□关	□开□关	□开□关	□开□关	□开□关
照明位置	□灯下 □非灯下	□灯下 □非灯下	□灯下 □非灯下	□灯下 □非灯下	□灯下 □非灯下
测点位置	□窗 □中间 □门	□窗 □中间 □门	□窗 □中间 □门	□窗 □中间 □门	□窗 □中间 □门

附录 5

被调研者问卷

办公建筑环境与服务性能问卷

感谢您参加与由"十三五"国家重点研发计划项目（2016YFC0700100）开展的绿色建筑性能调查，您的反馈意见对我们正确评价和改进本建筑的各项性能十分宝贵。本调查完全匿名，个人信息将严格保密，且所有数据只用于科学研究。再次感谢您的积极配合！

一、基本信息

1. 您的性别：□男　□女

2. 您的年龄：□<30　□31～40　□41～50　□51～60　□>60

3. 您的工作：□行政人员　□专业技术人员　□管理人员　□后勤服务　□其他_____

4. 您在本建筑内的工作时间：□<1年　□1～2年　□2～5年　□>5年

5. 您每周在本建筑中的驻留时长：□<20小时　□21～40小时　□41～60小时　□>60小时

6. 通常上班的时间为_____，下班离开的时间为_____；如若加班，一般加班到几点？_____

7. 您的工作场所位于第_____层，房间号为_____

二、室内环境质量

1. 您当前的衣着：□单件短袖/连衣裙　□单件长袖　□两件及以上

2. 您觉得室内温度：□很冷　□凉　□稍凉　□适中　□稍热　□热　□很热

3. 您觉得室内温度：□非常干燥　□干燥　□适中　□潮湿　非常潮湿

4.您觉得室内吹风感： □没有风 □有轻微吹风感（舒适） □有轻微吹风感（不舒适） □有明显吹风感 □有强烈吹风感

您希望吹风感： □变强 □稍变强 □维持现状 □稍变弱 □变弱

5.您觉得房间声响： □无声 □轻微声响 □中等声响 □强声响
□不能忍受的声响

噪声主要来源于： □室内设备（打印机、键盘等） □建筑系统（空调、通风等） □同事（谈话、打电话等） □地板 □邻室 □楼上/楼下
□外部交通 □外部施工 □其他_____

6.您最关心的一项室内环境参数是
□温度 □湿度 □气流 □空气品质 □光环境 □声环境
□都关心 □都不关心

7.您对当下室内环境的满意程度（即时点对点）/您对过去一个季度室内环境的满意程度（回顾性）：

	非常不满意	不满意	较不满意	中性	较满意	满意	非常满意
室内温度	○	○	○	○	○	○	○
空气湿度	○	○	○	○	○	○	○
空气品质	○	○	○	○	○	○	○
光环境	○	○	○	○	○	○	○
声环境	○	○	○	○	○	○	○
总体满意度	○	○	○	○	○	○	○

三、建筑服务性能

1.您对自己在本建筑中的工作效率是否满意？
□非常不满意 □不满意 □较不满意 □中性 □较满意 □满意
□非常满意

2.您对本建筑空间大小与空间设计（如各功能房间的相对位置、垂直与水平交通）是否满意？
□非常不满意 □不满意 □较不满意 □中性 □较满意 □满意
□非常满意

3.您对整栋建筑的运行维护情况是否满意？
□非常不满意 □不满意 □较不满意 □中性 □较满意 □满意
□非常满意

学校建筑环境与服务性能问卷(学生)

感谢您参加与由浙江大学负责的"十三五"国家重点研发计划项目(2016YFC0700100)开展的绿色建筑性能调查,您的反馈意见对我们正确评价和改进本建筑的各项性能十分宝贵。本调查完全匿名,个人信息将严格保密,且所有数据只用于科学研究。再次感谢您的积极配合!

一、基本信息

1.您的性别: □男 □女

2.您的年级: □初一 □初二 □初三

3.您的身高_____米,体重_____kg(公斤)

4.您的座位位于图中哪个位置,请打√,若图中没有,则是位于第_____列(靠门为第1列),第_____排

```
                    黑板
窗  6 5 4 3 2 1      门
   □□□□□□        1
   □□□□□□        2
   □□□□□□        3
   □□□□□□        4
   □□□□□□        5
   □□□□□□        6
   □□□□□□        7
窗                  门
```

5.您的班级号为_____,班级位于第_____层

二、室内环境质量

1.您当前的衣着: □单件短袖/连衣裙 □单件长袖 □两件及以上

2.您觉得室内温度: □很冷 □凉 □稍凉 □适中 □稍热 □热 □很热

3.您觉得室内湿度: □非常干燥 □干燥 □适中 □潮湿 非常潮湿

4.您觉得室内吹风感: □没有风 □有轻微吹风感(舒适) □有轻微吹风感(不舒适) □有明显吹风感 □有强烈吹风感

5.您觉得房间声响: □无声 □轻微声响 □中等声响 □强声响 □不能忍受的声响

噪声主要来源于(可多选): □室内设备(投影仪、电脑等) □空调 □风扇 □同事(交流谈话等) □地板 □邻室 □隔壁教室 □楼上/楼下 □室外交通 □其他_____

6.您最关心的一项室内环境参数是 □温度 □湿度 □气流 □空气品质 □光环境 □声环境 □都关心 □都不关心

7.您对当下室内环境的满意程度(即时点对点)/您对过去一个季度室内环

182

境的满意程度（回顾性）：

	非常不满意	不满意	较不满意	中性	较满意	满意	非常满意
室内温度	○	○	○	○	○	○	○
空气湿度	○	○	○	○	○	○	○
空气品质	○	○	○	○	○	○	○
光环境	○	○	○	○	○	○	○
声环境	○	○	○	○	○	○	○
总体满意度	○	○	○	○	○	○	○

三、建筑服务性能

1.您对自己在本建筑中的学习效率是否满意？

□非常不满意 □不满意 □较不满意 □中性 □较满意 □满意
□非常满意

2.您对本建筑空间大小与空间设计（如各功能房间的相对位置、垂直与水平交通）是否满意？

□非常不满意 □不满意 □较不满意 □中性 □较满意 □满意
□非常满意

3.您对整栋建筑的运行维护情况是否满意？

□非常不满意 □不满意 □较不满意 □中性 □较满意 □满意
□非常满意

博览建筑环境与服务性能问卷

感谢您参加与由"十三五"国家重点研发计划项目（2016YFC0700100）开展的绿色建筑性能调查，您的反馈意见对我们正确评价和改进本建筑的各项性能十分宝贵。本调查完全匿名，个人信息将严格保密，且所有数据只用于科学研究。再次感谢您的积极配合！

一、基本信息

1.您的性别： □男 □女

2.您的年龄： □＜30 □31～40 □41～50 □51～60 □＞60

3.您的工作： □参观人员 □专业技术人员 □管理人员 □后勤服务
□其他_____

4.您在本建筑内的工作时间：□短时停留　□<1 年　□1～2 年
　　□3～5 年　□>5 年

5.您每周在本建筑中的驻留时长：□短时停留　□<20 小时　□21～40
　　小时　□41～60 小时　□>60 小时

（以下 6－7 题参观人员不需要填写）

6.通常上班的时间为_____,下班离开的时间为_____;如若加班,一
　　般加班到几点?_____

7.您的工作场所位于第_____层,房间号为_____

二、室内环境质量

1.您当前的衣着：□单件短袖/连衣裙　□单件长袖　□两件及以上

2.您觉得室内温度：□很冷　□凉　□稍凉　□适中　□稍热　□热
　　□很热

3.您觉得室内湿度：□非常干燥　□干燥　□适中　□潮湿　非常潮湿

4.您觉得室内吹风感：□没有风　□有轻微吹风感(舒适)　□有轻微吹
　　风感(不舒适)　□有明显吹风感　□有强烈吹风感

5.您觉得房间声响：□无声　□轻微声响　□中等声响　□强声响
　　□不能忍受的声响
　　噪声主要来源于：□室内展厅设备(音响)　□建筑系统(空调、通风等)
　　　　□同事(谈话、打电话等)　□地板　□邻室　□楼上/楼下
　　□外部交通　□外部施工　□其他_____

6.您最关心的一项室内环境参数是
　　□温度　□湿度　□气流　□空气品质　□光环境　□声环境
　　□都关心　□都不关心

7.您对当下室内环境的满意程度(即时点对点)/您对过去一个季度室内环
　　境的满意程度(回顾性)：

	非常不满意	不满意	较不满意	中性	较满意	满意	非常满意
室内温度	○	○	○	○	○	○	○
空气湿度	○	○	○	○	○	○	○
空气品质	○	○	○	○	○	○	○
光环境	○	○	○	○	○	○	○
声环境	○	○	○	○	○	○	○
总体满意度	○	○	○	○	○	○	○

三、建筑服务性能

1. 您对本建筑空间大小与空间设计（如各功能房间的相对位置、垂直与水平交通）是否满意？
   □非常不满意　□不满意　□较不满意　□中性　□较满意　□满意
   □非常满意

2. 您对整栋建筑的运行维护情况是否满意？
   □非常不满意　□不满意　□较不满意　□中性　□较满意　□满意
   □非常满意

后 记

六年的博士求学阶段即将画上一个句号，这六年的成长和进步离不开导师、朋友、家长以及同学们的支持。

首先我要感谢母校浙江工业大学给予我珍贵的保研机会，让我有幸可以进入从小梦想中的学校浙江大学就读。我更幸运的是可以在葛坚教授的指导下开展我的博士课题。葛老师给予了学生全方位的支持，不仅仅在经费上，更在科研资源以及学术交流方面提供了充足的保障，让我们可以全身心投入科研工作。读博是一场修行，有迷茫，有困惑，感谢过往的一切挫折，让我越发坚韧。

本书的完成离不开葛坚教授课题组中众多老师的指导和同学的帮助。感谢葛坚教授在选题、构思、研究路线以及书稿撰写过程的持续指导，感谢赵康副教授对我研究内容的详细指导以及樊一帆研究员给予的专业指导，感谢陈淑琴副教授、罗晓予副教授、吴津东老师在每一次例会中给予的建议。感谢同门的桂雪晨、黄梓薇、沈晨瑶、钱一栋、马聪、刘诗韵、薛育聪、陈佳宁、董兆以及吴祺航等同学在绿色建筑环境监测和问卷调研中给予的帮助。

感谢剑桥大学 Alan Short 教授以及宋霁云博后在我英国半年学术交流期间提供的热情帮助和指导。

感谢浙江省建设科技推广中心的李萍主任和林敏敏工程师在浙江省绿色建筑调研中给予的无私帮助。感谢本研究所调研的公共建筑中所有业主、物管人员以及被调研者的积极配合和支持。

最后感谢我最爱的父母对我的持续包容和理解，让我可以无顾虑地投入博士阶段的科研工作。

本研究受到"十三五"国家重点研发计划"基于实际运行效果的绿色建筑性能后评估方法研究及应用"（2016YFC0700100）的支持，特此致谢。

翁建涛
2021 年 4 月于月牙楼